国家出版基金项目
NATIONAL PUBLICATION FOUNDATION

"十三五"国家重点图书

中国少数民族
服饰文化与传统技艺

哈 萨 克 族

徐红　玛依拉·吐尔逊 ◎ 著

国 家 一 级 出 版 社
全国百佳图书出版单位

中国纺织出版社有限公司
·北京·

内 容 提 要

本书为"十三五"国家重点图书"中国少数民族服饰文化与传统技艺"系列丛书中的一册。

本书主要从哈萨克族服饰和纺织品的技艺与文化入手，结合实地采风图片，记录并展示了哈萨克族的头饰、服装、鞋靴与配饰的外在特点、内涵文化，并对典型服饰的造型结构进行了分析与研究。同时，结合传统技艺对哈萨克族的刺绣、毛制品的技艺与文化、服饰的色彩、图案以及装饰特征进行了研究，向读者展现了哈萨克族厚重的历史底蕴和灿烂的文化成就。

本书可作为研究哈萨克族服饰和纺织品文化与技艺的参考读物，也可供对新疆哈萨克族服饰文化与技艺有兴趣的广大读者阅读。

图书在版编目（CIP）数据

中国少数民族服饰文化与传统技艺．哈萨克族 / 徐红，玛依拉·吐尔逊著．-- 北京：中国纺织出版社有限公司，2023.6

"十三五"国家重点图书

ISBN 978-7-5229-0631-7

Ⅰ.①中… Ⅱ.①徐… ②玛… Ⅲ.①哈萨克族－民族服饰－文化研究－中国 Ⅳ.①TS941.742.8

中国国家版本馆 CIP 数据核字（2023）第 095128 号

策划编辑：郭慧娟 李炳华
责任编辑：魏 萌 刘 茸 亢莹莹 苗 苗
责任校对：王花妮
责任印制：王艳丽

中国纺织出版社有限公司出版发行
地址：北京市朝阳区百子湾东里 A407 号楼 邮政编码：100124
销售电话：010—67004422 传真：010—87155801
http://www.c-textilep.com
中国纺织出版社天猫旗舰店
官方微博 http://weibo.com/2119887771
北京华联印刷有限公司印刷 各地新华书店经销
2023 年 6 月第 1 版第 1 次印刷
开本：889×1194 1/16 印张：15.5
字数：236 千字 定价：298.00 元 印数：1—1000 册

前言
PREFACE

　　传统民族服饰和纺织品不仅是该民族顺应自然的实用物品，也是他们传统文化的象征载体；不仅体现了该民族的生产技术水平和艺术设计水平，还折射出当时的社会背景、法律制度、价值观念、宗教意识、经济水平，凝聚和渗透着极其丰富且深厚的民族哲学和美学意蕴；不但与美学、社会心理学、艺术学、经济学、民俗学等社会科学密切相关，还与纺织、服装等自然科学紧密相连，是我们开启探索民族文化之谜的一把钥匙。因此，挖掘、研究、整理该民族服饰和纺织品的工艺技术，探讨与之相关的艺术、文化现象，可以深刻了解他们的生存环境、生活习俗和历史传统文化，有着十分重要的历史和现实意义，价值深远。

　　本书从哈萨克族概述、古代西域先民服饰以及近现代哈萨克族的服饰、刺绣、毛制品、色彩图案及其传承与发展等维度介绍了哈萨克族服饰文化及传统技艺。这些凝结了哈萨克族劳动人民辛勤汗水的文化遗存，是他们游牧生活与多元宗教文化的综合反映，具有浓厚的生产、生活气息，综合体现了游牧的哈萨克族的兴趣爱好，富含着丰富的情感色彩与精神寄托，是他们对美好生活的追求和向往，是中华民族多元文化的瑰宝。

　　参加本书编写工作的还有马依拉·亚尔买买提（参与纹样与图案的分析，并完成了纹样与图案的电脑绘制）、陈龙（提供新疆维吾尔自治区博物馆馆藏服饰图片及部分其他照片资料）、巴哈提·阿力布拉提（提供第六章第二节哈萨克族图案中部分图片资料）、李国萍（负责完成第三章第二节哈萨克族服饰的造型结构），研究生迪丽肉孜·地里夏提与张爱佳也参与了部分工作。另外，尚有少量图片没有查明原作者，在此表示感谢！

　　由于笔者学识有限，不足之处敬请各位专家、学者及广大读者给予批评指正，谢谢！

徐红

2021年12月

目 录
CONTENTS

第一章 哈萨克族概述

哈萨克族作为我国多民族大家庭的成员之一，有着与中华民族大家庭既相连又有别的文化与习俗。本章主要介绍哈萨克族起源、分布、语言文化、宗教信仰、传统节日、婚丧习俗、饮食习惯等。

第一节　哈萨克族的历史与文化

一、哈萨克族概况

❶ 哈萨克族简介

哈萨克族（哈萨克文：KazaK）是哈萨克斯坦的主体民族，是中国、乌兹别克斯坦、土耳其和俄罗斯等28个国家的少数民族。目前全世界哈萨克族人口约有1860万人，其中哈萨克斯坦约有1200万人，中国约有160万人❶。中国的哈萨克族主要分布在新疆维吾尔自治区伊犁哈萨克自治州阿勒泰地区、塔城地区、奎屯市，哈密市巴里坤哈萨克自治县、昌吉回族自治州木垒哈萨克自治县，以及博尔塔拉蒙古自治州、乌鲁木齐市、克拉玛依市等地区，约占新疆总人口的7%。另外，在甘肃省酒泉市阿克塞哈萨克自治县也有少数人口。

哈萨克族先民是很早就生息在新疆北部及中亚草原的游牧民族（图1–1）。哈萨克族的祖先是《史记》《汉书》上记载的乌孙、康居、阿兰（奄蔡）人，同时原生活在中亚草原的塞种人、大月氏人以及后来进入这个地区的匈奴、鲜卑、柔然、铁勒、契丹、蒙古等族人也或多或少地先后融入了哈萨克人。至15世纪中叶，哈萨克人建立了哈萨克汗国，随着汗国的壮大，周邻民族的加入，到15世纪末，哈萨克族最终形成。

有关哈萨克族名称存在着各种解释，主要有以下几种观点：

第一种观点：中国哈萨克族学者尼合迈德·蒙加尼认为，哈萨克族名含有白天

---

❶ 根据《中国统计年鉴2021》，我国境内哈萨克族的人口为156.25万人。

图1-1 哈萨克族转场

鹅之意。于是哈萨克族把自己形容为天鹅化身成的美女与一个男人生出的后裔。

第二种观点：俄罗斯学者拉甫罗夫认为，在8世纪僧侣叶弗卑尼著作中的哈索格即是哈萨克。在北高加索民族的语言中，哈索格有高大奴隶的意思。

第三种观点：哈萨克在北高加索的"卡巴尔达—巴尔卡尔语"中是指处境不好、无家可归的人。在晚清时期，中国学者丁谦认为哈萨克是可萨人的异译。最早的哈萨克是由里海一带的卡斯比与塞种构成。

第四种观点：哈萨克源于古老地名。据记载，罗马大帝君士坦丁留给儿子的遗嘱中说："……在那外围有着哈萨克亚大草原，再过哈萨克亚就是阿兰。"哈萨克的意思为"自由之地"，引申泛指所有生活在中亚大草原的自由部族，这些部族没有一定的血缘关系，文化的形式多样，但是语言一致统一。

另外，也有人认为哈萨克是中国古代"曷萨""阿萨"或"可萨"的异名。

总之，有关哈萨克这个词没有定论，但"白天鹅""战士""自由的人""避难者""脱离者"是其主要解释。

❷ 乌孙与汉朝的关系

历史上乌孙与汉朝有着密切而特殊的关系。公元前119年，汉朝武帝时派张骞出使乌孙，从此乌孙与汉朝建立了联系。为了巩固与乌孙的联盟，汉武帝曾先后将江都王刘建之女细君公主和楚王刘戊的孙女解忧公主嫁于乌孙王。

细君公主（？—前101）是丝绸之路上第一位远嫁西域的公主。漂亮的细君公主被乌孙人称为"柯木孜公主"，意思是"肤色白净美丽得如同马奶酒一样的公主"。细君公主在乌孙先后嫁给爷孙两辈乌孙王，但只生活了五年便去世了。作为汉朝与乌孙的第一位友好使者，细君公主积极联络乌孙上层贵族，使乌孙与汉朝建立了坚固的军事联盟，初步实现了联合乌孙，遏制匈奴的战略目标（图1-2）。

细君公主去世后，汉朝又把解忧公主（前120 — 前49）嫁给了乌孙王。解忧公主十八九岁和亲出嫁到乌孙，先后嫁给三任乌孙王，生有四子两女，长子元贵靡为乌孙大昆弥，次子万年立为莎车王，三子大乐为乌孙左大将，长女弟史嫁给龟兹王，小女素光嫁给乌孙翕侯。七十余岁回到京都长安两年后，解忧公主溘然长逝（图1-3）。

图1-2 细君公主　　　　图1-3 解忧公主

解忧公主嫁给乌孙王翁归靡的时期是乌孙最为强盛的时期，解忧公主将汉文化以及先进生产技术在乌孙及西域的传播是全方位的。在乌孙王翁归靡执政时期，解忧公主积极协助翁归靡处理政治、经济、军事等事务，使乌孙走上了国富民强的康庄大道。汉朝的西北边疆安然无事，与西域各国的交往日益频繁密切，丝绸之路繁荣鼎盛，汉朝的威仪和影响进一步远播天山南北，西域诸国都争相与汉朝交好。解忧公主在乌孙国的地位如日中天，被乌孙国人誉为"乌孙国母"，史书中也称"乌孙公主"。

据《汉书·乌孙传》记载，解忧公主的孙子星靡、重孙雌粟靡、曾孙伊秩靡相继为乌孙大昆弥。解忧公主的后代都秉承解忧公主的教导，始终维护汉朝和乌孙的亲情关系。解忧公主的重孙乌孙大昆弥雌粟靡在位时期（前33 — 前16年），乌孙恢复到翁归靡时期的兴盛局面。

解忧公主是中国古代历史上最为成功、贡献最大的一位和亲公主。

二、哈萨克族的氏族部落与印记

❶ 哈萨克族的氏族部落

以游牧为主的哈萨克族，社会组织形式主要是氏族部落（图1-4）。16世纪末，哈萨克人及其分布地区已经分为三个"玉兹"，即大玉兹（乌勒玉兹）、中玉兹（奥尔塔玉兹）和小玉兹（克什玉兹），他们是因血缘而结成的部落联盟。在清代文献中将其称为右部、左部和西部。

每个"玉兹"都是由若干个部落组成，每个部落又包括很多个氏族，每个氏族内的牧民又以血缘关系为基础组成若干个"叶利"（小氏族部落），最小的部落组织叫"阿吾勒"（牧村），通常是由较亲近血缘关系的大小不等的家庭组成，一般有3~5家，也有十多家甚至更多。牧村一般以一家牧主或富裕牧民为中心，他们组成了如同枝叶茂盛的树状结构的族谱。

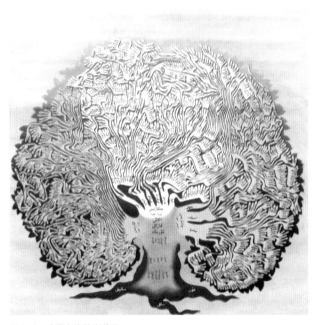

图1-4 哈萨克族的族谱图

注 三个树根从左到右分别是大玉兹（左边黄色枝杈）、中玉兹（中间白色枝杈）与小玉兹（右边粉色枝杈）。

三大"玉兹"中以中玉兹人数最多，力量最强，氏族部落世系保存得最为完整。中国新疆的哈萨克族以中玉兹中的克烈部落、乃蛮部落、瓦克部落，大玉兹中的阿勒班部落、苏万部落等为主，尤以克烈部落、乃蛮部落的人数居多。

克烈部落是哈萨克中玉兹的六大分支之一，克烈部落下还分成阿巴克克烈和阿夏玛衣勒克烈两大分支，其中阿夏玛衣勒克烈主要在哈萨克斯坦，阿巴克克烈则主要在新疆，其下又分十二大氏族，每个大氏族下辖属若干个小氏族部落。

乃蛮部落是哈萨克族居住在我国的三大部落之一，其下有九大氏族。主要分布在阿勒泰地区、塔城地区、伊犁哈萨克自治州、博尔塔拉蒙古自治州等紧靠哈萨克斯坦的边境各县，如哈巴河、吉木乃、布克赛尔、额敏、塔城、博乐、温泉、霍城、伊宁、尼勒克、巩乃斯等各县。自乌苏至巴里坤的天山中也都杂居有乃蛮部落的人。另外，黑宰部落原是乃蛮部落的分支，现在是伊犁地区一个强大的部落。

瓦克部落杂居在北疆哈萨克族居住区。

阿勒班部落主要分布在昭苏、特克斯、巩留县；苏万部落主要分布在伊宁、霍城两县。阿勒班、苏万部落属于哈萨克族大玉兹的部落，是乌孙部落的后代。

❷ 哈萨克族的部落印记

古代哈萨克族各氏族部落都有自己的印记与战斗口号。图1-5~图1-7所示为哈萨克斯坦有关学者整理、设计的部分部落的图案。图案中心是各个部落的印记，中间一圈文字是该部落的名称及战斗口号，这些都是从古传到今的。外圈的图案是部落联盟的符号，这是现代哈萨克斯坦人设计的。

图1-5　中玉兹各部落图案

图1-6　小玉兹各部落图案　　　　　图1-7　大玉兹各部落图案

哈萨克族与很多北方游牧民族一样，姓氏就是父名，因此从姓氏上很难追根，但哈萨克族这些系谱、印记、口号提供了各氏族、部落起源与发展的历史线索，成为同一氏族、部落成员之间相互认同、履行职责、维护自身及部落权利的重要依据。对哈萨克人来说，每个人都要了解谱系分类，熟记自己"七代"祖先的名字，故有哈萨克谚语："不知七代祖先名字的人是孤儿。"

哈萨克族所采用的印记，与他们所处的自然环境、社会生活有密切关系。如千希克勒部落以射箭技术高强闻名远近，因而以箭为印记。

哈萨克族的印记与其部落的名称也有密切关系。例如，阿夏马依勒克烈、巴尔塔勒乃蛮，"克烈"和"乃蛮"均为部落名称，前一部分则是印记名称。阿夏马依的原意是小孩子第一次骑马时，马鞍子前后用的挡板，其用途是防止孩子从马上摔下来，"勒"是"有"的意思。所以在克烈内有称为阿夏马依勒克烈的，这很可能是从阿夏马依的印记得名。又如，巴尔塔的原意是斧头，古代战争中用的一种武器。所以在乃蛮内有称为巴尔塔勒乃蛮的，很可能是从斧头的印记得名。随着历史的发展，人们一般只说阿夏马依勒、巴尔塔勒，而把原部落名称省略掉。

哈萨克族的印记还可以从侧面反映各部落相互融合的情况。如在古代，康里和克普恰克是两个部落，后来这两个部落相互融合了，因而许多史籍把这两个部落连写成"康里克普恰克"。从印记中也可以反映出来：康里的印记是"|"，克普恰克的印记是"||"，二者在形式上很相近。而在喀拉喀尔帕克氏族内克普恰克的印记又变成"|"，与康里的印记相同。

古代草原上的部落结盟、缔结协约等，都以印记为遵约信誓的标志。它具有古代玉玺、关防的作用。各部落的集会、协商，大多在聚会地点的山崖石壁上刻下自己部落的印记，写信或签字时也采用印记。

三、哈萨克族的宗教信仰

宗教是相信并崇拜超自然神灵的社会意识形态，是自然力量和社会力量在人们意识中的一种反映。哈萨克族祖先曾信仰过萨满教、佛教、景教等，从8世纪开始逐渐改信伊斯兰教，但仍保留了大量的历史痕迹。

❶ 原始宗教

原始宗教产生于公元前1万年至公元前3000年的中石器时代。原始先民在严峻的生存斗争中，对自然界各种变化莫测的现象，如闪电雷鸣、气候变化等产生恐惧与神秘感，认为有一种超自然的力量主宰着人类的一切，于是便对这些相关的自然天体、动植物人格化，通过祈祷、祭祀、舞蹈、音乐等活动，表达自己的崇敬之意，这便形成了原始宗教。原始宗教是哈萨克族信仰的渊源。

萨满教是原始宗教晚期的一种形式，曾广泛流传于中国东北到西北边疆地区的各民族中，萨满教是多神教，因为它相信世界到处都布满了神灵。

萨满教一词源于通古斯语，意为激动的、不安的人。萨满被认为是人与神的中介，传递神灵旨意，打通人间和鬼神世界的联系。

乌孙、康居人从原始社会起就信仰萨满教。据考古发掘证明："公元前1世纪至公元2世纪……卡尔加拉峡谷所出金质头饰（此物风格与汉代中国平原相似）一件亦属此期，与金质头饰共出土者尚有410件金质衣饰（葬在峡谷的青年萨满妇女所用）。"由此足见，公元前后的乌孙族内早有萨满教存在。但这并不限于在伊犁河，锡尔河以北一带自有人类存在就产生了宗教。

考古资料表明，一直到旧石器时代中期为止，还没有发现任何反映宗教信仰的遗迹。因为宗教是一种特殊的社会意识形态，是人们对自然界和现实社会存在的反映。宗教是人类社会生产力发展到一定历史阶段的产物，其最初的产生，反映了当时社会生产力发展水平不高，人类在大自然面前的无能为力和对自然力的盲目依赖。

乌孙、康居人在母系氏族社会时期就产生了专职的祭司——萨满。伴随着萨满的出现，多神崇拜有了进一步的发展。神的人格化导致了神的人形化，崇拜仪式也愈趋复杂。萨满是专门进行宗教活动的巫师，是人神之间的"使者"，一切传统习惯的坚决维护者，在人们的心目中享有崇高的威望。

在乌孙、康居人生活的时代里，原始宗教渗透于各氏族部落的生殖、生产活动、日常生活、社会组织、传统习惯、道德观念、口头文学和舞蹈艺术中。在新疆阿尔泰山的辽阔草原间所存在的众多的岩画、雕塑就是乌孙、康居虔敬而又恐惧地崇拜自然、崇拜生殖、崇拜六畜、崇拜祖先、崇拜各种看不见的冥冥之中物质的见证。总有那么一种看不见的力量左右着每个人的心，这就是无处不在的原始宗教观念。

由于学者对汉代汉语发音构拟准确性判断比较困难，所以对其含义理解不同，其中一种认为史书中乌孙王号称"昆莫"（Kun Meng），"昆"是太阳，"莫"是数字千，因而昆莫直译为"一千个太阳"，意译则为"像天一样广大"，这是借助太阳来表示自己的尊贵，表示其权势神圣不可侵犯。对太阳的崇拜渗透哈萨克祖先生活的方方面面，很多习俗流传至今。例如，古代塞种人把太阳尊为神来信奉，每年有举行宰马祭太阳神的活动。圆形的毡房被乌孙、康居人认为是太阳的化身，坟墓的外观也是太阳形状的圆冢，忌讳面向太阳大小便。许多氏族部落的印记也与太阳有关，如杜拉特、阿尔根等部落的印记"O"就是太阳的形状。乌孙、康居人还认为太阳神是一位弓箭手，因此把"霹雳"这一雷电现象说成是太阳射出的箭。至今哈萨克人还把自己的孩子称作"我的太阳"，给女孩子们起带有太阳字眼的名字，祝福语中有"祝你的太阳永不落，祝你幸福"等，迄今哈萨克人还保持着向太阳发誓的习俗。

乌孙、康居人还认为火是太阳在地上的化身，视火为圣洁的象征，是光明之源，具有祛污、除灾的能力，认为火神是幸福和财富的赐予者，并具有镇压一切邪恶的能力。随着私有制个体家庭的兴起，火神又具有了家庭保护神的职能。通过拜火，新娘才算加入了丈夫的家族。在照料婴儿时，要把婴儿摇床放在靠近火的地方，以防邪气侵扰婴儿。每当牲畜转场时也要生两堆篝火，有两个"巴克斯"——萨满巫师站在火堆旁，口中念念有词"驱邪，驱邪，驱除一切恶邪"，并让牲畜从火堆中间走过去。牲畜发生瘟病时，则在牲畜圈四周燃起篝火，以借助火的威力驱赶"邪气"。哈萨克人的日常习俗中也有不少与火相关，如"不要打火""不要从火上跳""不要向火中吐口水""要是害怕，把火生起"等。

❷ 佛教

佛教于公元前6~公元前5世纪产生于古印度，实际上最先接受由印度传入佛教的是月氏人，因此成了佛教的中亚中心。由于月氏和康居联姻的关系，康居也接受了佛教。

哈萨克族草原上最先信仰佛教的部族是康居。根据资料记载，康居从公元前2世纪起信仰佛教，直到15~16世纪，有些哈萨克人还用毡子或者绸缎做成佛像祭拜。尽管那时伊斯兰教已经传入，佛教寺庙已被摧毁和损坏，但仍旧有一部分哈萨克人没有放弃佛教信仰。所以，就有了诸如"不信教""嘲笑"等说法，随着伊斯兰教逐渐

占据统治地位，严禁信仰佛教，但也有少数哈萨克人直到
18世纪中期还在暗中拜佛。

❸ 景教

景教是对唐代传入中国的基督教聂斯脱利派的称谓。
起源于今日叙利亚的亚述帝国，因此也称东方亚述教会，
被视为最早进入中国的基督教派。在新疆维吾尔自治区博
物馆收藏的石碑中有一块景教石碑，如图1-8所示。这块
石碑长20厘米、宽12.5厘米，石碑为细腻光滑的椭圆形
扁平砾石，上部刻有十字架图案，下部两侧刻有叙利亚文
字，图案和文字雕刻精细、流畅。

图1-8 景教石碑

景教是波斯时期广泛流行于中亚地区的宗教，随丝绸
之路来到新疆，但后来被佛教和伊斯兰教取代，融入相应的宗教之中。存放于西安
碑林博物馆的一块碑石记载着景教在中国的传播与发扬。碑额上部是由吉祥云环绕
的十字架，下部是典型的佛教莲花瓣，显示出景教开的是中土佛教之"花"，结的是
基督教之"果"。

❹ 伊斯兰教

伊斯兰教在7世纪产生于阿拉伯半岛，9世纪末10世纪初传入新疆，经过长达
五百多年的宗教战争和统治阶级的强制推行，成为新疆地区的主要宗教。14世纪后
哈萨克社会开始信仰伊斯兰教，但直到今天，仍有一些哈萨克人信奉其他宗教，也
有一些人不信仰宗教。同时，哈萨克族在其信仰的伊斯兰教中，仍保留了许多萨满
教和一些佛教的习俗，形成具有本土、本民族特征的伊斯兰教，这些习俗经常表现
在婚礼仪式及日常生活的禁忌中。

第二节　哈萨克族的生活习俗与语言文化

哈萨克族为北方游牧民族，哈萨克语言属阿尔泰语系突厥语族西匈语支。在我
国的哈萨克族使用以阿拉伯字母为基础的哈萨克文，而哈萨克斯坦的哈萨克族则使

用以西里尔字母为基础的文字。

一、哈萨克族语言文化

根据近年来哈萨克地区考古发掘的材料来看，哈萨克族先人（如七河一带的古代塞种人、乌孙人）早在公元前即已使用某种形式的文字。如 20 世纪 60 年代在哈萨克斯坦阿拉木图附近的伊斯克库尔干墓葬中出土了一个银碗（前4~前5世纪），碗底镌有两行由 25 或 26 个符号组成的铭文。从同一符号的多次重复来看，应为文字，可惜目前尚不能释读。后来，哈萨克族又曾先后使用过三种文字，即古代鲁尼文、回鹘文和察合台文。

二、传统节日

哈萨克族主要节日有纳吾鲁孜节、肉孜节（开斋节）和古尔邦节。

在普遍接受伊斯兰教之前，哈萨克族的传统节日是纳吾鲁孜节，至今仍是哈萨克族最重要的节日。"纳吾鲁孜"的哈萨克语意即辞旧迎新，时间是农历春分之日（阳历3月22日前后）。按照哈萨克族的古代历法，这个节日表明万物复苏的春季来临了，哈萨克族人将这一天开始的月份叫作"纳吾鲁孜"，这一天昼夜相等，被看作"交岁"之日。

为了欢度节日，家家户户在节前都要清扫房屋内外，修整棚圈，准备过节食品，还要专门去清理山里的泉水（包括泉源及河道）。节日的食品主要有用大米、小米、小麦、肉、盐、酸奶或奶疙瘩以及水七种原料做成的"纳吾鲁孜饭"，还有储存过冬的马肉、马肠子、风干羊肉和水果等。节日里亲朋好友一起吃"纳吾鲁孜饭"，唱"纳吾鲁孜歌"。"纳吾鲁孜歌"的曲调是比较固定的，歌词可即兴改编，内容多为祝愿乡亲们在新的一年里老幼平安、五谷丰登、六畜兴旺等吉祥话。吃节日饭时，每家每户都会把盛有羊头肉的盘子放在老人面前。老人在接受这种礼仪时，口诵祝词，祈愿家人平安、牲畜满圈、奶食丰盛。

肉孜节与古尔邦节并称为伊斯兰教的两大节日。新疆地区的各民族穆斯林，称肉孜节为"小尔德"（即小节日），放假一天；称古尔邦节为"大尔德"（即大节日）。

古尔邦节类似汉民族的春节，全新疆各民族人民都放假三天。

节日里，哈萨克人家家打扫卫生，准备"包尔沙克"（炸油果子）和各种点心。家家宰羊，切成大块清炖，请来客食用。人们身着鲜艳的民族服装或时装，成群结队地走家串村，互相拜年，热闹非凡。拜年时，宾主互相拥抱。此外，还举行叼羊、姑娘追等丰富多彩、富有情趣的娱乐活动，以示庆祝。

三、饮食习惯

作为游牧民族的哈萨克族，其饮食习惯与赖以生存和发展的畜牧业紧密相关，他们的食品以肉、奶、茶、面等为主。

哈萨克族的肉食主要有羊肉、牛肉、马肉、骆驼肉，主要做法为煮、熏、烤。

羊肉最普遍的吃法是手抓羊肉，即清炖羊肉。将宰杀后的羊肉切成大块，放进锅中，清水煮熟。吃时放些洋葱，加入适量的盐，味道清香可口。

熏肉是为了长时期保存而制作的一种肉制品，哈萨克语称为"索古姆"。每年十一二月时，将膘肥体壮的牛、羊、马宰杀后用松柴烟熏干，可以保存到来年的六七月。其中熏马肠味道香美，是待客上品。

烤肉主要在招待客人和外出狩猎时食用。

哈萨克族有一句谚语："奶子是哈萨克的粮食。"可见奶制品在哈萨克族饮食中的分量。各种牛奶、羊奶、马奶、骆驼奶都是奶制品的原料。奶制品的种类主要有鲜奶、酸奶、奶皮、奶豆腐、奶疙瘩、酥油、马奶酒等。其中马奶酒是哈萨克族牧民在各种聚会、盛宴中必不可少的饮品。

饮茶是哈萨克族的习惯，牧民们喜欢饮用砖茶或茯茶。哈萨克族牧民中有"宁可一日无食，不可一日无茶"之说。茶中含有芳香油，有消食、提神、醒脑的功效，大量饮茶，冬能驱寒，夏可除病。

牧民们最喜欢喝奶茶，奶茶是用砖茶再加牛奶或羊奶、盐等煮成的。

哈萨克族牧民们也吃米、面食物，面食有馕（烤面饼）、"包尔沙克"（菱形状的油果子）、"库卡代"（羊肉面片）、馓子等。米食有抓饭、炒小麦、小麦饭和小米饭等。过去他们很少吃蔬菜，偶尔吃些沙葱或者野菜。

哈萨克族牧民为了适应经常变换牧场和迁移住所的草原生活，往往特制出一些便于携带的方便食品。如用小米炒熟制成、用水冲饮的"米星茶"。这种方便食品，说是茶，实际上是稀汤，食肉后饮用会令肠胃感到特别舒适。而且，因为小米中富含多种营养元素，故长期饮用能弥补在草原上长期缺乏食用蔬菜所造成的营养不足。还有一种"柯柯"是用小米或麦粒炒熟制成的食品，质脆而味香，往往和肉食一起食用，十分耐饥，放牧时随身携带，食用方便。

此外，还有许多其他食物，如用小米和糖、羊油或黄油等调拌做"吉尼特"；夏秋两季还用小麦和奶汁酿成酸粥做饮料等。

哈萨克族尊敬老人，喝茶吃饭要先敬老人，一般在进餐时习惯让长辈先坐，其他人依次围着餐布屈腿或跪坐在毡子上。在用餐过程中，要把最好的肉给老人食用。

哈萨克人热情好客，待人真诚。哈萨克族有一句俗语："祖先遗产中的一部分是留给客人的。"对前来拜访的客人，无论相识与否，都要竭诚招待。招待来客要拿出家里最好的食物，对贵宾要宰杀活羊（注意不能宰杀黑羊，哈萨克人认为黑羊不吉利，如果必须宰杀黑羊时，可在黑羊上捆绑一块白布，表示不是全黑的羊），十分尊贵的客人或多年未见的亲人到来，除宰羊外，还需宰马，以马肉相待。入餐前，主人要用壶提水倒入脸盆让客人洗手，然后把盛有羊头、后腿、肋肉的盘子放在客人面前，以示尊敬。开席前主家最有地位的人会说一些祝福的话（巴塔），大意是感谢美味健康的食物，祝在座的老者健康，年轻人事业有成，孩子们学习进步等，祝福话说完后大家同时举起双手摸面，表示感谢，然后最重要的客人把盘中的羊头拿起后，割下一片右面颊上的肉放在盘中，以示接受，再割一只羊耳给座中最年幼的孩子，然后把羊头送还给主人，大家共餐。

哈萨克民族特别重视家庭，待客时按辈分、年龄一家一家从上座往下排列，年龄大的孩子单另安排座位，年龄小的孩子与父母或爷爷奶奶同坐。

四、婚丧习俗与禁忌

❶ 婚礼

哈萨克族是以夫妇为基础的小家庭制。在婚姻中有许多限制，其中一条是：同一部落的青年男女不能通婚，如果通婚必须超过七辈以上。因为哈萨克人认为七代之内是骨肉至亲，是有血缘关系的。这些限制是为了防止哈萨克人近亲结婚，以保持本民族的兴旺昌盛。哈萨克族通常可与周围的维吾尔族、汉族、柯尔克孜族、乌孜别克族、回族、蒙古族等通婚。

哈萨克族的婚事从说亲到完婚要经过一系列的仪式，哈萨克族称为"托依"。过去哈萨克族的婚礼仪式十分烦琐，而且因地区、部落与家境的不同有差别，现在都有减缩，但大多保持四大仪式：

（1）说亲与提亲：由男方的父亲和1~2名男性长者到女方家中说亲，双方家长若同意缔结婚约，则选定日子邀请女方父母及其亲属若干人（一般是单数5~11人），到男方家中做客、吃饭，并送些礼品给女方来客。这样算是说亲与提亲成功，男女双方成为亲家（库达）。

（2）定亲：也称问候亲家（库达）。由男方父母或直系亲属带上定亲彩礼到女方家，并由双方家长选定大婚日。定亲彩礼一般是牲畜（牛、马、羊）及各种布匹、衣服、首饰等，现在有些彩礼可以简化为现金。彩礼由褡裢（霍尔津）装着，褡裢里面还夹有供现场拆包的礼品，用手巾、小袋包盛，有糖果、奶疙瘩、干果、甜品等，还有一些银饰品，拆包由主家女方亲戚指派的人完成，随着物品从褡裢里逐一取出，一个个的礼品包也被打开，所有人开始争抢分食，抢到银饰手包的人再将银饰分给大家，表示大家沾喜。

在定亲活动中还要举行扎"吃特"的仪式，即由前去定亲的女眷将男方备好的一条头巾戴在女方头上，表示我们已经是一家人了。"吃特"仪式后男方也可以到女方家去帮忙，表示他是女方家的一分子，女方家的事也是他自己的事。

（3）送亲：是大婚的上半场，在女方家进行。新娘所有的亲戚、朋友、邻居都会来参加、帮忙。新郎也带着他的父母、兄妹及其他近亲来参加送亲仪式。

新娘化好妆，穿上结婚礼服，戴好新娘高筒帽"沙吾克烈"坐在毡房中，周围是她的女性亲戚及好友，由一个有地位的女性长者给新娘说一些祝福的话，然后从新娘子身旁的一个女眷肩上拿下披肩，把它盖到新娘的高筒帽"沙吾克烈"上，这时周围女眷与朋友开始唱离别歌（森斯玛），大家陷入一种即将分别的忧愁中。离别歌唱完后，新娘出毡房，与亲朋道别，唱哭嫁歌，歌词大意是："我在母亲的疼爱中长大，就要辞别父母，禁不住热泪盈眶。女子为啥要出嫁到一个新地方，女儿心里总有点害怕，虽然那里也是亲人，却不像在妈妈跟前无忧无挂。我就像一匹离了群的小马，我的心啊，真离不开阿吾勒（家乡）的婶婶、大妈，请亲人们常去看望我，虽然我走了，可我的心却还留在这里。"倾诉新娘对父母亲人及故土的留恋，同时与父母及亲朋——拥抱哭别。新娘母亲也会回应唱着："我是多么的舍不得孩子你，希望你幸福……"新郎和他的朋友们也开始唱歌，意思是"希望女孩和男孩幸福，女孩不要哭。"然后就是男女方对唱，气氛达到高潮。如果两家距离远当天无法赶到夫家或赶到后时间过晚，仪式将延续到半夜，男方来宾当晚住在女方家中。当天下午或第二天早上新娘由女方家的两个嫂子一左一右搀扶上马，带着嫁妆（如同男方的礼金一样用褡裢盛装，夹带分包礼品），在母亲、嫂子及弟妹等的陪伴下前往新郎家（图1-9）。

图1-9　送亲与迎亲

（4）迎亲：是大婚的下半场，在男方家进行。迎亲仪式中首先是一个"拜火"仪式，男方在家门口燃起一堆火，两位女眷搀扶新娘在火堆前，一人伸出双手放于火焰上方，后在自己脸上虚擦几下，手再伸进新娘的面纱里，在新娘的脸上擦几下。这时，来参加婚礼的妇女们都祝颂"新婚幸福""让祖先的灵魂保佑新娘"等吉利的贺词。接着就是揭面纱、换披肩的仪式，由一个手持系有各色布条马鞭的年轻男子弹唱揭头纱歌（别他夏尔），内容介绍男方亲人并劝说忠告新娘尊重长辈，妯娌和睦相处、尊老爱幼、诚恳勤劳，远离流言蜚语等，并让新娘给每一个被介绍的男方亲人行礼。唱完后，歌者会对新娘说："我唱得这么辛苦，你不给我行个礼？"在大家的吆喝、起哄中，新娘给歌者行礼。歌者又向男方亲戚说："你们想不想尽快一睹新娘美丽的容貌？如果想，是不是要给我库如木德克（礼物）呀？"于是男方亲戚就向歌者口袋里塞钱物、头上戴帽子、脖子上挂东西……歌者在大家的催促下用系有各色布条的马鞭揭开新娘面纱，大家欢呼雀跃。之后由婆婆给新娘披上披肩，寓意今后生活中婆媳要互敬互爱，新娘则再次向公婆及亲人行礼。完毕，以右脚跨门象征吉祥如意，向炉内倒油象征一家人相互间的团结像火一样炽热。

接着就是拆嫁妆、抢礼品，妇女们向男子的直系亲属索要见面礼、举行宴会、阿肯弹唱、姑娘追等娱乐活动，热闹非凡，婚礼现场气氛达到高潮。

特别要说明的是无论男方准备的彩礼还是女方准备的嫁妆都必须是单数的（单数是他们的吉祥数），最后彩礼与嫁妆凑成双数，意为两好合一好。

此外，在聚餐中会有唱歌活动，内容都是主家歌颂客家。例如，男方去女方说亲，吃饱后会端来一大盘用酸奶拌好的羊肉、羊肝、羊油等，歌者为女性，她会给每一个来者编一两首歌，从男方父亲开始唱起，赞美男性亲家或亲戚长得帅、能力强等，同时也掺杂一些玩笑话，以哄抬气氛，逗大家开心；赞美女性亲家或亲戚长得漂亮、心灵手巧等，还有各种祝福的话语。一首歌唱毕，就会喂被歌颂者一块盘子里的食物，大家开心、起哄，接着就是下一个人，一个挨着一个地进行。

无论是男方拜访女方，还是女方到男方家或女孩儿出嫁后回娘家，都会准备一些礼品，走时主家也会准备礼品给对方带回，礼品的多寡由他们的经济情况来定。女孩儿刚出嫁的几年中要保持新娘的矜持，不能直呼男方亲戚和男方家人的名字。

❷ 葬礼

哈萨克族实行无棺土葬。先用清水沐浴净身，再用白布缠裹，缠尸布叫"克本"。根据家境情况选用白色绸缎、白坯布或白纱布缠裹，男子用18~20米布裹三层，女子用20~25米布裹五层，小孩裹两层。然后直体仰身，头北脚南，面朝向西，入土埋葬。

办葬礼期间，亲人要根据地域习俗的不同戴素白色或黑色头巾（女人）和腰布（男人），不穿色彩艳丽的服饰，不参加娱乐活动，表示尽孝及哀伤。配偶戴孝40天到一年，子女7~40天。

男性死者生前骑乘的马，要被剪去马尾、马鬃，或将尾、鬃梳成辫状。这种马在哈萨克语中称为"托力阿特"，任何人都不得再骑乘、鞭打。

哈萨克人认为，办丧事不仅是逝者家属的事，更是整个部落、氏族的事，因此除亲朋好友、左邻右舍以外，凡是知道消息的人，都会赶来帮忙料理丧葬事宜。

❸ 禁忌

哈萨克族人的禁忌很多，表现在饮食、做客、日常生活、婚姻和宗教信仰等许多方面。

忌食猪肉、驴肉和狗肉，忌食非宰杀而死亡的牲畜肉，也禁食一切动物的血；年轻人不准当着老人的面饮酒，不准用手乱摸食物；吃馕时，不能把整个馕拿在手上用嘴啃，而应该掰成小块吃；主人递送的茶、酒、肉食和其他食品，不管是否合自己的胃口，都应高兴地接受；喝奶茶不应喝一半剩一半而离席，喝马奶酒也应一饮而尽，不会喝酒的也要少许啜上一口，以示谢意；绝对不准跨越或踏过餐布，不准坐在装有食物的箱子或其他用具上；在餐布收起来之前，最好不要随便离开，如有事外出，不能从人前走过，须绕到人后面走。

饭前饭后，主人都会给客人倒水洗手。洗完手后，不能乱甩手上的水，而应用毛巾或纸巾擦干。

做客时，忌讳客人骑着快马直冲家门，骑马快到家门时，要放慢速度，在房侧或房后下马，并把马鞭放好，借用的马归还时要卸下马鞍；在毡房内不许坐床，要席地盘腿坐在地毡上，不许把两腿伸直；妇女坐月子和小孩出疹子的房子、新婚夫妇的房子、青年妇女单独住的房子，不能随便进出；不能穿着背心、裤衩或赤膊进入别人的房子；在哈萨克族人家住宿，大多是住两天，不要拒绝使用主人的被褥。

忌讳别人当面赞美自己幼小的孩子，尤其不能说"胖""美""俊"之类的词；妇女怀孕后忌食骆驼肉、兔肉以及狼咬过的动物的肉；儿媳不能使用公公的马鞍，坐公公的床位；公公也不能使用儿媳的马鞍，坐儿媳的床位；妇女不能从长辈面前走过，更不能在长辈面前喝酒和抽烟。

忌讳当面清点主人家的牲畜；不能跨过拴牲畜的绳子；走路遇羊群要绕道而行，不能骑马进入羊群；不能当着主人的面追打猎犬和看门的狗；不能用脚踢或用木棍打牲畜的头部；不要用手或棍棒等指点人数，否则会被认为是把人当作牲畜清点。

忌讳拔青草；忌讳在早上哭泣和说污秽语言；部分部落的人认为每周的某一日为不吉利的日子，忌讳出远门。

第二章 古代西域先民服饰

根据考古学家的分析和研究认为，在距今约一万年以前，西域地区就已有了远古人类的活动印迹。这些远古的西域人使用大量精细小巧的石器狩猎飞禽走兽，捕捉水下游鱼。他们使用细小石器作刃，装上骨木制作的短把，制成各类切割器，此物正是远古人类处理各种兽类毛皮以及食肉所必需的用具。根据这众多的石器制品我们推测：古人们仅能以食"兽肉、野果"充饥，以着"兽皮"御寒。

第一节　岩画与石人中的服饰

一、岩画

岩画作为早期游牧人的艺术语言，蕴涵了十分丰富的历史文化信息。它具体记录着早期游牧人的经济、社会活动，表达了他们的思想观念和精神追求，对于人们认识、了解没有文字以前的早期游牧人的精神世界，具有不可替代的作用（图2-1）。哈萨克族是世界著名的游牧民族之一，在战略地位十分重要的欧亚大陆中心，从阿尔泰山、天山向西直到里海的三百多万平方公里的辽阔地域，都是他们活动的范围。现在天山、巴尔鲁克山、塔尔巴哈台山、阿尔泰山一带的哈萨克草原遍布的岩画蕴涵了十分丰富的历史文化信息，是原始社会居民用独特方式对历史的记录，是刻绘在岩石上的史书，是对文字资料的补充，是研究那时文明的宝贵资料。

从有人物的岩画中我们可以看出，在古代游牧民族的经济生活中，狩猎具有重要地位。当时的人们穿着上衣下裤，也有穿着连衣裙的（或上衣下裙），裙长大多过

图2-1 阿勒泰青河岩画（颜富强摄影）

膝，亦有及地长裙和有着尾饰的习俗。

二、草原石人

草原石人遍布整个亚欧草原。在新疆境内目前发现了两百多尊石人，主要分布于阿尔泰山、天山、准噶尔西部山地等10个地州市境内。考古工作者经过半个多世纪的研究，将石人产生的年代从元朝时期上推到隋唐时期，并认为这是当时雄居于漠北草原的原始突厥人所为。草原石人是亚欧草原游牧先民遗留于今的具有代表性的草原文物，对研究古代草原民族文化极具意义。

阿勒泰地区是我国草原墓地石人最丰富的地区，已发现了八十余尊。最高的石人通高3.1米、露出地面高2.7米，最矮的石人露出地面高0.6米。经考古研究，阿勒泰地区在青铜时代就已出现了墓地石人，有萨木特和喀依纳尔两个类型。萨木特石人类型以青河县萨木特墓地石人最典型，其特点是只注重表现脸面器官，圆形脸面，圆眼；鼻子呈三角形，翼部宽，平切底；颧骨明显，大嘴。喀依纳尔类型石人则以阿勒泰地区切木尔切克乡喀依纳尔墓地石人最典型，石人不仅雕刻出了脸面，有的还雕刻出了手臂。石人明显程式化，缺乏写实。通常为圆形或桃形脸面、圆眼、方直鼻、小嘴，肩胸部饰三角纹。

突厥于公元6世纪中叶建国，公元9世纪中叶灭亡，前后历时280余年。目前在中亚的哈萨克斯坦、吉尔吉斯斯坦、土库曼斯坦，以及蒙古国和我国新疆发现的众多武士型石人，是突厥汗国留在草原上的唯一历史见证。

考古界一般认为，新疆石人最早起源于公元前1200年左右。公元14世纪伊斯兰教在哈萨克草原广泛传播之前，草原上的人们一直信奉着一种古老的神秘宗教：萨满教。萨满教是一种以祖先崇拜为主的原始多神教。萨满教起源于原始社会的后期，匈奴、突厥、肃慎、契丹、蒙古等许多古代民族都曾经信奉过萨满教。萨满教相信万物有灵，崇拜自然，最突出的特点是对祖先的崇拜。他们相信人死后灵魂不灭，祖先们虽然已经去世，但他们的灵魂始终和活着的人在一起。新疆草原石人和鹿石，就是萨满教的一种表现形式。它不仅是对英雄的崇拜，也是对祖先的崇拜。

草原石人的相貌、服饰、器物的具体形象，反映出不同民族、不同地域、不同时代的文化艺术。自东周以后，历经西汉、隋、唐至晚清，皇陵及将相陵墓都相沿成俗，列石人石兽为神道，高踞帝陵之尊，威风、显赫。

阿贡盖提草原上的石雕人像，都是选用整块岩石雕凿而成的。从外表看，有的雕凿了全身人像，头部、脸部、身躯生动逼真，线条明快。有的佩戴的饰物件件可数，造型细腻。而有的则仅仅是在一块大石头上浅浅刻画出几条细线，简略地勾画出脸形的轮廓。这里的石人像最高的有3米多，最矮的也有60～70厘米。服饰的衣领多呈圆形，胸前左右各有一个圆形铃状物，衣领相接处有锯齿形状浮雕物。如有一尊石人，脸和眼部都是圆形，方直鼻，小嘴，胸前饰三角纹；还有一尊是武士石人，左手握刀，右手做托杯状，腰带雕刻精细，右侧垂以圆形的袋囊，刻有八字胡，风度威严。

在新疆草原上分布最多的是武士型石人。武士型石人的特点，是面部个体特点非常明显，腰部雕刻有带扣的腰带，腰上还挂着刀，手执的物品有兵器、杯、钵等。

公元6世纪中叶至9世纪是草原石人的兴盛时期，分布比较广，具有代表性的是乔夏类型石人。乔夏类型石人是典型的武士型石人，多为圆雕，表现出了头、颈肩、两臂及服饰，雕刻了髭；右手或做托杯状，或做执杯状，左手握刀或剑；腰带雕刻精细，带下右侧往往垂以圆形袋囊或磨刀石等；短刀一般斜佩于下腹位置，不少呈横佩状，长刀一般是斜佩。有的石人短刀、长刀齐佩，很具大将之风。这一时期的石人主要是突厥石人，《旧唐书》中记载，"阙特勤死，诏金吾将军张去逸、都官郎中吕向，赍玺书入蕃吊祭，并为立碑。上自为碑文，仍立祠庙，刻石为像，四壁画其战阵之状"。这些都得到蒙古地区考古材料的证实，同时也说明在墓地立石人具有祭祀祖先的意义。

公元7～9世纪的昭苏小洪纳海石人，通高230厘米，身上刻有粟特文（图2-2）。

（a）正面　　　　　　　　　　　　　　　　　　　（b）背面

图2-2　昭苏小洪纳海石人复制品

　　小洪纳海石人（图2-3）：唐，高105厘米，宽38厘米，位于昭苏小洪纳海墓地。头戴圆顶小帽，八字须向上翘，三角形尖下颔，身着大衣，腰间系带，右臂屈于胸前，手执瓶，左臂弯曲抱腹。雕刻精细，人物形象生动。

　　阿尔卡特石人（图2-4）：唐，公元618～907年，1961年于新疆博尔塔拉蒙古自治州温泉县阿尔卡特墓地发现。石人高285厘米，属突厥武士石雕中的精品。武士身材魁梧，相貌威严，蓄八字胡，颈饰项圈，身着窄袖翻领长袍，右手举杯于胸前，左手在腰间握长刀，腰系革带，腰间左侧佩戴小刀，脚蹬皮靴，呈八字形面东而立。

图2-3　小洪纳海石人　　　　　图2-4　阿尔卡特石人

哈巴河草原石人（图2-5）：2013年9月至10月，新疆文物考古研究所阿勒泰考古队在位于哈巴河县萨尔塔木乡喀布哈塔勒村附近的托干拜2号墓地进行了调查和发掘，发现了一批草原石人。这些草原石人，基本都是桃形脸庞，双弯钩形眉毛，饼状的圆眼睛，大多留着"|"形胡须或八字胡须，表情比较丰富。

草原石人主要分布在新疆的阿勒泰地区和昭苏县的草原上，它们或随葬于墓中、或守护在墓前，面朝太阳升起的东方，似乎在呼唤生命的意志和力量。它们大多脸庞宽圆，怒目圆睁，表情严肃，仿佛威武的将士正在保卫和巡视着草原（图2-6）。而在哈巴河发现的草原石人，其桃形脸庞、双弯钩形眉毛和饼状的圆眼睛是之前比较少见的，这对研究古代草原民族文化，提供了新的考古研究资料。

图2-5　哈巴河草原石人　　　　　　　　图2-6　草原石人

第二节　出土文物中的服饰

一、先秦时期新疆先民的服饰文化

先秦时期根据人们使用的工具可分为石器时代与青铜时代。目前没有发现石器时代的服饰，青铜时代的服饰是研究新疆史前服饰发展早期阶段的主要资料。新疆青铜时代又可划分为早晚两个阶段，即青铜时代早期（前21～前15世纪，夏商）和青铜时代晚期（前13～前5世纪，西周—春秋时期）。

1 青铜时代早期新疆先民的服饰文化

新疆出土的青铜时代早期服饰，有罗布泊北侧孔雀河下游的铁板河三角洲的楼兰古国遗址，被称为"上千口棺材"的新疆罗布泊小河墓地遗址以及目前尚未整理的克里雅北方墓地等，其中以小河墓地出土的服饰实物最为丰富。

1980年楼兰古国遗址出土的"楼兰美女"头戴尖顶毡帽，身上裹着一块毛织的毯子，胸前毯边用削尖的树枝别住，下身裹一块羊皮，脚上穿一双粗毛线缝制的毛皮靴，头上戴的毡帽上插了两支雁翎**❶**。经用她身上的羊皮残皮做碳14鉴定，表明是一具距今约3800年的古尸。

小河文化约兴起于公元前21世纪，公元前15世纪以后逐渐衰落并最终消失。从小河墓地出土的服饰看，距今3500～4000年，塔里木盆地中、东部地区居民服饰以"毡帽＋斗篷＋腰衣＋皮靴"组合为代表（图2-7、图2-8）。样式上，以作为外套的长方形斗篷和作为下装的腰衣最为典型，围裹、披挂于身或利用腰带、别针捆系、固定于身上。

女性腰衣主要为短裙式，由裙腰及裙腰下缘垂下的毛绳饰穗两部分构成，裙

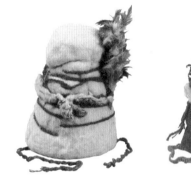

图2-7　毡帽

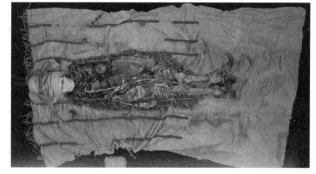

图2-8　小河出土服饰（毡帽＋斗篷＋腰衣＋皮靴组合）

腰环绕固定在腰部，自然下垂的毛绳饰穗则形成一种长度及膝的帘状流苏裙摆，起

---

❶ 本书中服装原料使用动物毛皮为历史资料，目前涉及国家级野生保护动物及其他级别保护动物，不可捕杀、贩卖及其他用途。服饰中如果采用裘皮设计，建议使用人工养殖品种替代或人造仿裘皮制品。——著者注

到遮羞蔽体的作用。从制作上看，裙腰部分宽度为5～10厘米，有个别的宽达20厘米。多采用平纹组织，常见双经单纬或双经双纬，以此保证裙腰的厚度和坚牢。饰穗的形成主要有两种方法，一种是在织裙腰的同时将其经、纬线延伸成穗；另一种则是先织或斜编出带式裙腰，然后在边缘部分另穿入毛绳，捻成饰穗。依据毛绳饰穗的位置及多少不同又可将短裙式腰衣分为下缘通幅出穗式和下缘半幅出穗式两种。通幅出穗式比较常见，裙腰下缘整个一周均有毛绳饰穗，穿着时由裙腰两端垂下的系绳在腹中部打结，形成前后一致的及膝短裙式样。下缘半幅出穗式出土很少，下缘仅有一半缀有毛绳饰穗，穿着时应将缀有毛绳饰穗的一面遮蔽正面生殖器官部位，而后背则呈完全裸露状。

男性腰衣，主要为窄带式，多采用二上二下斜编法，少量用平纹结构，编出或织出狭窄的腰带。腰带两端延伸出长长的饰穗或者另外加毛绳形成饰穗，毛穗相互系结垂于前裆部位，起到遮蔽下体的作用。窄带式腰衣大部分长度在70～80厘米，绕腰部一周，也有个别的腰衣更长，可以绕腰两周。

除了以上两种具有明显性别指向的腰衣外，专家还发现一种男女都穿的、结构更为简单的腰衣，即用一根较粗的毛绳，上面穿套毛绳饰穗，毛绳加弱捻垂下后形成稀疏的裙摆。这类腰衣在小河墓地发现极少，但在罗布泊北岸小河文化的墓葬中发现较多。

女性腰衣（图2-9）：青铜时代早期，羊毛质地，新疆维吾尔自治区文物考古研

图2-9　女性腰衣

究所藏。腰衣为淡黄色（本色毛）三面带穗短裙，左右两端分别沿纬线方向夹织两条红色装饰毛绳。裙腰长70厘米、宽10.5厘米，饰穗长33厘米，垂于裆部，裙腰两端有用于束系的粗毛绳长30余厘米。

男性腰衣（图2-10）：青铜时代早期，长91厘米，宽19厘米，羊毛质地，新疆维吾尔自治区文物考古研究所藏。这是穿着在男性干尸身上的黄棕色窄带式腰衣，二上二下斜编而成，两端延伸出未编织的毛绳饰穗，两边各25根穗。选择两端上部的两根穗饰于中部相互拴结，系成蝴蝶结样式。

图2-10　男性腰衣

皮靴（图2-11）：青铜时代早期，毛皮，新疆维吾尔自治区文物考古研究所藏。皮靴高28.5厘米，靴底长29厘米，前宽14厘米，后宽7厘米。皮靴由靴底、靴面、靴靿三块皮子缝制而成。靴面正中涂有一条红道，红道两侧穿了数个小洞，内对插羽毛。一条本色毛绳在靴靿上绕两圈后系紧。

图2-11　皮靴

这一时期的服饰样式原始、简单，通常为一次织（或编）成单块面料，不做二次裁剪缝纫，直接缠绕包裹人体（图2-12）。服装以裘革、羊毛为材料，使用牛皮、钻骨、玉、石器制作简单的首饰。羊毛是重要的纺织原料，使用厚实的羊毛面料，以平织或斜编方法制作。织物显花，常见以通经断纬的缂织技法织出条纹、三角纹、阶梯纹，纺织技术已经走过最初阶段，达到一定水平。

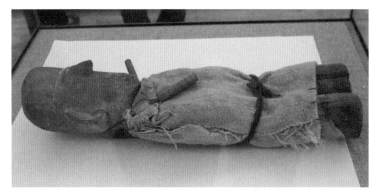

图2-12　陪葬木偶服饰（单块面料用毛线系扎）

❷ 青铜时代晚期新疆先民的服饰文化

新疆青铜时代晚期，服饰文化较先前发生了巨大变化。虽然服装仍以裘革、羊毛为材料，但织造技术从简单的平纹到多种斜纹应用，染色工艺从单一的红色到三原色，服装样式也由早期的块料裹身，到开始缝制成形的衣、裤，于多方面显示出了前所未有的进步。

西周，白地棕色竖条纹毛布短袖上衣（图2-13）：1985年，新疆且末县扎滚鲁克4号墓地出土，新疆维吾尔自治区博物馆藏。距今约2800年，衣长76厘米，通袖长144厘米，下摆宽87厘米，白、棕两色条纹相间，对襟，立领，领为毡，一侧袖有补丁。

图2-13　西周　白地棕色竖条纹毛布短袖上衣，新疆且末县扎滚鲁克墓出土

春秋战国，儿童套头裙衣（图2-14）：1996年，新疆且末县扎滚鲁克1号墓地55号墓出土，新疆维吾尔自治区博物馆藏。前770～前221年，裙长63厘米，下摆宽56厘米。该裙衣形式与当今的连衣裙相似，为裙、衣合二为一的儿童服饰。其形制为圆领、宽袖、套头式，上下两部分横向相接而成。下部为棕色斜褐（斜纹粗毛织物），上部用红、白色平纹毛布和网格纹毛布拼接缝制而成。下摆两侧各加缀一块三角形毛布，使下摆增宽加大。整件裙衣色彩搭配得错落有致，给人以美观大方之感。

图2-14　春秋战国　儿童套头裙衣，新疆且末县扎滚鲁克墓出土

西周—春秋，婴尸及随葬品（图2-15）：新疆且末县扎滚鲁克出土的公元前800年的婴尸，新疆维吾尔自治区博物馆藏。婴儿仰身直肢，头枕毛毡枕，戴着蓝色红边毛织婴儿圆顶小帽，身上裹着酱红色的毛布，并用蓝、红色相缠的毛绳交叉捆紧，全身只露出面部，双眼盖有两片长3厘米、宽2厘米的小石片，鼻孔塞有红色毛线球，头发和眉毛呈棕色，婴儿的左右两侧放着牛角及用羊乳房做成的喂奶品。尸体以及随葬品均放置在一块长方形毛毡上。

西周，红色毛纱衣（图2-16）：1985年，新疆且末县扎滚鲁克2号墓出土，新疆维吾尔自治区博物馆藏。红色毛纱衣长50厘米，通袖长45.5厘米。开襟短长衣，衣

图2-15　西周—春秋　新疆且末县扎滚鲁克墓出土的婴尸及随葬品　　　　图2-16　西周　红色毛纱衣

襟有蓝色牙线，有系绳，袖和衣身接缝处以彩色编织带连接，衣服残存一半。

　　西周，棕地黑条纹毛"绔"（图2-17）：1986年，新疆哈密市五堡墓地53号墓出土，新疆维吾尔自治区文物考古研究所藏。公元前9世纪，毛"绔"长90厘米、宽17～21厘米，带长约84厘米、宽1厘米。"绔"是古人对无腰无裆，只有裤筒的套袖式裤子的称谓。该"绔"现存一条裤筒，用毛线缝合而成，将以四股毛线编织的绳带穿缀在裤筒上端的小长方形块上，供系结之用。裤筒为深棕色，在下部织出10余种宽窄不同的黑色横向条纹，经密9根／厘米，纬密60根／厘米。裤筒外侧用合股的白色毛线平绣出三列小长方形，呈对角线斜向排列组成曲折纹。这是现在新疆出土最早的"绔"标本。

　　图2-17　西周　棕地黑条纹毛"绔"

西周，蓝色斜褐缂饰裤（图2-18）：1985年，新疆且末县扎滚鲁克4号墓地出土，新疆维吾尔自治区博物馆藏。公元前8世纪，毛布，裤长115厘米，宽55厘米。裤子为蓝色斜褐，宽腰、裤腿较窄、微喇，裤腰和裤腿部分有红色饰边。裤腿用幅宽55厘米红色毛布一折为二缝缀而成，接缝在内。在裤子大片与裤腰和裤腿部红色饰边中间还有用"通经断纬"的方法缂织出组合菱形纹和回纹饰边，饰边为红地，用蓝色、茄紫色、土黄色、姜黄色、紫色毛线显露花纹，将一块十字形毛布对折呈三角形缝合在裤腿的裆部。

西周，彩格毛织物（图2-19）：新疆哈密市五堡墓地37号墓出土，新疆维吾尔自治区文物考古研究所藏。长54厘米，宽14厘米，斜纹毛织物。公元前9世纪的斜纹毛织物，棕地，蓝色、红色方格和条格纹。织造精细。

图2-18 西周 蓝色斜褐缂饰裤　　　　　图2-19 西周 彩格毛织物

西周—春秋，浅蓝色毛纱帔巾（图2-20）：1985年，新疆且末县扎滚鲁克墓葬出土，新疆维吾尔自治区博物馆藏。帔巾距今约2800年，长147厘米，宽60厘米。帔巾呈长方形，用浅蓝色毛纱缝制，四周包缘，两端出穗，穗子用毛纱合股而成。帔巾的表面横向分别缝缀三条平行的红色窄条毛布。整体轻薄柔软，美观耐用。这件毛纱帔巾是国内目前时代最早、保存较好的帔巾，对于研究我国古代服饰的发展极有价值。

春秋战国，毛织腰带（图2-21）：1995年，新疆民丰县尼雅遗址出土（前3～公元5世纪）。腰带长134厘米，宽15厘米。绿色彩色条纹，色彩层次丰富而鲜明，毛织腰带两头均留穗，颇具民族特色。

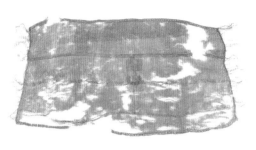

图2-20　西周—春秋　浅蓝色毛纱帔巾　　　　　　　　图2-21　春秋战国　毛织腰带

二、2000年前的头饰与帽子

❶ 各式毛毡帽

牛角装饰毡帽（图2-22）：西周（前1046～前771年），帽长径34厘米，帽高17厘米。1985年，于新疆且末县扎滚鲁克4号墓出土，新疆维吾尔自治区博物馆藏。帽子以原白色毛毡缝制而成，帽顶有毛毡制作成的牛角状装饰物。

图2-22　西周　牛角装饰毡帽

护耳毛毡帽（图2-23）：春秋—西汉，帽通高30厘米。新疆鄯善县苏巴什古墓出土，吐鲁番博物馆收藏。用红色薄毡裁剪后缝制而成，边缘用细毛绳锁边；帽子表里两层，顶部有一中空的小乳突，可能用于插置羽毛等装饰；带护耳，用于冬季防寒，连护耳到顶部通高30厘米，护耳下端有一段供拴系用的小皮带。

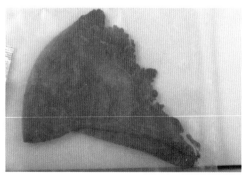

图2-23　春秋—西汉　护耳毛毡帽

系带毛毡帽（图2-24）：战国，毛毡，帽高28厘米，宽21厘米，新疆且末县扎滚鲁克墓出土，巴音郭楞蒙古自治州博物馆藏。帽子用两片毛毡缝制而成，下端有两根系带。

红尖圆顶毡帽（图2-25）：汉代，毛毡，宽26厘米，高28厘米。1984年于新疆和田地区洛浦县山普拉墓地1号墓出土，新疆维吾尔自治区博物馆藏。帽子为红色地，尖圆顶，毡制，牙边及牙线装饰。

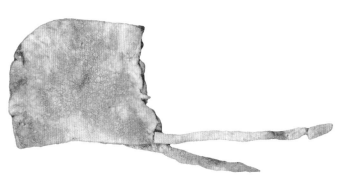

图2-24　战国　系带毛毡帽

图2-25　汉　红尖圆顶毡帽，新疆和田地区洛浦县山普拉墓出土

❷ 尖顶帽

尖顶帽是古代游牧民族喜爱的样式，是西域古代墓葬群出土的多种形式帽中的一种。文献记载，春秋战国时期即有各种材质的长冠流行。诗人屈原在《楚辞·离骚》中提到"高余冠之岌岌兮，长余佩之陆离"。无论男女，头顶长冠，除了威武，更有高贵之感。

棕色尖顶毡帽（图2-26）：公元前800年，帽高32.7厘米，口缘直径28厘米。1985年于新疆且末县扎滚鲁克5号墓出土，新疆维吾尔自治区博物馆藏。尖顶毡帽顶端呈圆形，用两片近似三角形的棕色毛毡对缝，采用黄色缝线同时也作装饰线。帽尖端填充毡块，口缘外翻。这种尖顶向后弯曲的毡帽是古代游牧民族喜爱的样式，也是扎滚鲁克墓葬出土的多种帽式中的一种，为

图2-26　棕色尖顶毡帽

研究兄弟民族服饰的发展提供了珍贵的实物标本。

半跪铜武士像，如图2-27所示，公元前5～前4世纪，人像高40厘米，铸造、空心，1983年于新疆伊犁新源县巩乃斯河南岸出土，新疆维吾尔自治区博物馆藏。半身铜武士像，如图2-28所示，公元前5～前4世纪，人像高21厘米，宽9.7厘米，铸造、空心，1999年8月于新疆伊犁巩留县出土，伊犁哈萨克自治州博物馆藏。

图2-27　半跪铜武士像　　　　　　　　　　　　　　　　图2-28　半身铜武士像

在战国前后至汉初时期的北疆草原上，以伊犁河流域为中心的广大地区内主要是塞种人的游牧地，他们被称作"戴尖帽的塞种人"。新疆新源县巩乃斯河岸有一些可能属于塞种人的土墩墓，墓中的两个铜武士像袒胸、高鼻大眼，头上戴着一顶宽檐高弯钩顶呈尖状的帽盔。其中半跪铜武士着短裙，手中可能原握有器物，具有"尖顶塞人"形象。两个铜像造型威严雄伟，气质高贵，从整体造型艺术和人体装束以及神秘威严的形象形成奇特的结合，给人一种崇高及坚韧不拔的象征，被称为最有民族气质的形象。

尖顶高帽是古代中西亚地区包括中国西域诸游牧民族共同的爱好，在他们的服装中占据着相当重要的地位，它的存在以一种特殊的文化模式连接着这些丝绸古道上的诸多民族。无论时代发生多么大的变化，民族迁徙经过多么艰苦的历程，古代中西亚地区包括中国西域诸游牧民族对尖顶帽的喜爱程度早已超越了时空界限，以一种形式较为固定的方式延续至今。在古代塞种人活动的阿勒泰山区的放牧图中，有一位放牧者身穿大衣，头戴尖顶帽。不少学者认为，塞种人的服装就是以头戴尖顶帽为特征的。有关高尖帽的研究表明，高尖帽的存在和延续是以一定的信仰为依据的，并不仅仅是其外形的特殊性。学者们对高尖帽的起源及象征有不同的解释，如缘于某些动物犄角，或缘于原始人对"生命树"象征性的符号表达，或是原始居民对太阳和火的崇拜。还有人认为高尖帽的形状与高山之间有相似性，可能与崇山的观念有关，塞种人视山为男性权力，既象征高山，也可寓意父权或夫权等。

哈萨克斯坦的服装秀给我们展示了这种古老的尖顶帽，如图2-29所示。

图2-29 哈萨克斯坦的服装秀

❸ 长冠帽

图2-30 长冠帽

长冠帽（图2-30）：战国，冠檐直径24厘米，冠顶高45厘米，1992年新疆鄯善县苏贝希墓地出土，新疆文物考古研究所藏。帽冠用黑毡卷成牛角状假髻，将头发缠绕其上，呈圆盘状，固定在头顶，外罩毛编结发网，此为冠檐。冠檐上另加外罩黑色编结网的细长椎状冠顶，并用发簪固定在中央，再用毛绳系于下颏。

第三节 服装材料

动物的毛皮、毛发是新疆地区传统的服饰用材料。由于这里自古畜牧业发达，从步入文明时代起，开始使用羊、驼和牦牛等动物的毛皮、毛发作为主要衣着原料。3800余年前"楼兰美女"揭开了古楼兰民间服用毛织物的秘密。

山羊绒是珍贵的纺织材料，新疆是山羊绒的原产地之一。我国的山羊饲养和山羊绒的利用，是从新疆经河西走廊逐步发展到甘肃、陕西等地的。明代宋应星《天工开物》中记载："一种矞芳羊，唐末始自西域传来，外毛不甚蓑长，内氄细软，取织绒褐，秦人名曰山羊，以别于绵羊。此种先自西域传入临洮，今兰州独盛，故褐之细者皆出兰州。一曰兰绒，番语谓之孤古绒，从其初号也。"

当时人们所穿的衣物主要是就地取材，如用羊皮做成皮衣、皮裤，它是牧民抵御寒冷之物，今天在哈萨克牧区依然普遍使用。另外，人们还会用羊毛纺织成毛布，做成衣服。

《高僧法显传》中有："（鄯善国）俗人衣服粗与汉地同，但以毡褐为异。"高僧玄奘在《大唐西域记》（今译本）中记载：阿耆尼国"居民用粗细毛织品做衣装服饰，剪发，不束巾帻"；屈支国"居民穿着锦褐，剪发，头戴巾帽"；跋禄迦国"生产的细毡细褐极受邻国看中"；素叶水城"居民穿兽毛制作的毡子和粗麻制作的麻布御寒"；迦毕试国"居民穿用毛布，棉布，外加皮衣"；揭盘陀国"以粗细毛褐制作衣服"；佉沙国"居民擅长织造细毡与地毯"。

乌孙族游牧区域纳入中国版图后，东西方丝绸之路畅通，中原丝绸源源不断运入西方，贵族也开始穿着丝绸，因此在乌孙、康居墓葬中屡有丝绸出土。玄奘在《大唐西域记》（今译本）中记载：瞿萨旦那国"出产地毯，细毡，人们善于纺织粗绢粗绸……人们较少穿着毛褐毡裘，更多的是穿丝绸、棉布"这充分反映了乌孙族和中原商业贸易的发达以及文化交流的密切。

　　据此可见，西域民族的衣服质料以毛褐毡裘为主，尚有丝绸、棉布以及麻布。

第三章 近现代哈萨克族服饰

哈萨克族自古就过着逐水草而居的游牧、狩猎生活，现今的哈萨克族人大多仍从事畜牧业。气候多变、动荡漂泊的游牧生活使哈萨克族服饰明显地反映出牧区生活的特点。男服讲究潇洒、实用、舒适、方便，女服讲究漂亮美观，表现出牧人们雄浑、奔放、粗犷的性格和特有的审美情趣。在衣着材料上，一般选用毛皮、棉织物和毛织物，其中，冬季主要选用具有极强御寒性的各种兽皮（羊皮使用最广）和厚实的毛织物缝制的服装，为了便于乘骑，服装一般都比较宽大结实、经久耐磨，衣袖一般都会长过手指；夏天会穿着轻薄的毛织物或棉布衣服，以求凉爽舒适，节假日则会穿上各色丝绸制成的华丽服饰。20世纪70年代之前，春秋季哈萨克族人还会穿着肥大的光板皮裤，结实通风（图3-1）。

图3-1 哈萨克族服饰

哈萨克族服装无论是皮还是布，无论男女，都喜欢在衣服的领口、袖口、胸前、肩、裤脚等处用各种彩线绣上精美的图案，图案题材广泛多样，均源自生活体验，是哈萨克族传统游牧、狩猎生活的反映。刺绣的内容自然离不开山水、转场及游牧生活，有日月星辰、动植物、花卉以及各种几何图形等，形式丰富，结构严谨，条块相间，粗细兼容，且工艺多样，富有象征性，其中以"角"文化为突出代表，表现出哈萨克族的草原文化特色和游牧审美情趣（图3-2、图3-3）。

图3-2 哈萨克族刺绣服装

图3-3 狩猎中的哈萨克人与服饰

第一节　哈萨克族头饰与帽冠

由于地域环境、气候温度的差异，帽冠呈现出不同类型，从总体上说，哈萨克族头饰文化有着浓厚的草原特色。清代《皇清职贡图》曾对二百多年前的哈萨克人的头饰做过这样的描述："头目等戴红白方高顶皮边帽；妇人辫发双垂，耳贯珠环；其先民男妇，则多毡帽。"

哈萨克人，主要是妇女儿童喜欢在帽冠上插一撮漂亮的珍贵鸟类羽毛，其中白天鹅与猫头鹰羽毛最有特色，表示吉利、欢乐和勇敢，是寓含"消灾、避邪"的吉祥物。哈萨克人将这种帽子称为"塔克亚"（图3-4、图3-5）。

白天鹅是哈萨克先民部落的重要图腾之一。在哈萨克民间广泛流传着有关白天鹅的美丽传说。

传说在远古时代，有一位名叫卡勒恰·哈德尔的年轻部落首领深受人们爱戴，他在一次征战中身负重伤，被困在荒无人烟的戈壁滩上。这时天空裂开了一条缝，飞出了一只白天鹅，从远方找来了水与食物，并帮他疗伤。后来，白天鹅变成一位极其美丽的女子，与卡勒恰·哈德尔结为夫妇。婚后生下一个男孩，取名为喀孜阿克。在哈萨克语中，"喀孜"意即"天鹅"，"阿克"为"白"，喀孜阿克即为白天鹅。后代子孙为了纪念他们的祖先，也就把自己的民族取名为"喀孜阿克"，逐渐转音为哈萨克。喀孜阿克有三个孩子，长子名为别克阿尔斯，其后裔为哈萨克的大玉兹；次子名为阿克阿尔斯，其后裔为哈萨克的中玉兹；三子名为江阿尔

图3-4　塔克亚-1

（a）现代塔克亚（含传统的吐佩西、吐撇太）

（b）男式塔克亚

（c）女式塔克亚

图3-5　塔克亚-2

斯，其后裔为哈萨克的小玉兹。由于三个玉兹都是哈萨克的后裔，所以大、中、小玉兹的人们都以哈萨克为自己民族的名称。

另一个传说是一个凄美的爱情童话。在一个风和日丽的日子，两只处在热恋中的白天鹅相约一起出去游湖，当它们无忧无虑、自由自在地在水中嬉戏时，不幸的事发生了，一只白天鹅被猎人打中而死去，另一只白天鹅日夜思念它的恋人，最终撞在悬崖上为爱殉情。因此，白天鹅在哈萨克民族中代表着忠贞、至死不渝的爱情。

猫头鹰在哈萨克民族里代表着智慧、理性、公平、坚定，是一往直前的象征，无论白天还是黑夜，都能明察邪恶，永葆家人平安。哈萨克民族把猫头鹰称为神鸟，并把猫头鹰的羽毛视为吉祥物，哈萨克语为"乌库"。如果有人伤害猫头鹰，将会得到应有的惩罚，还会伤害到子孙后代。因此，哈萨克人总是把猫头鹰的羽毛插在自己的帽子上，既装饰帽子，也祈求吉祥：未婚少女祈求能找到称心如意的心上人；出嫁新娘希望婚姻幸福，家庭美满；小男孩希望自己像猫头鹰一样勇敢等。在参加赛马比赛时，哈萨克人也会在马头和马身上插上猫头鹰的羽毛，祈求获胜。可以看出，对猫头鹰的崇拜体现在哈萨克民族生活中的方方面面。

一、女子头饰

传统的哈萨克女子头饰主要有未婚女子戴的绣花帽、新娘戴的高筒帽、老年妇女戴的套巾以及日常生活中的头巾与披肩。

❶ 未婚姑娘戴的绣花帽

哈萨克族的姑娘们在出嫁以前常戴用红蓝等色彩艳丽的平绒或绸缎做面，帽壁用各色丝线绣花，以珠子、玛瑙、金银等为装饰的绣花帽，帽子顶上插一撮珍稀鸟类的羽毛，以白天鹅羽毛或猫头鹰的软质羽毛为多。

未婚姑娘所戴绣花帽的传统分类如下（图3-6）：

塔克亚：传统绣花帽，帽顶为平顶或略尖顶、檐口较浅（三指宽，6~7厘米）的无檐绣花帽。

（a）平顶塔克亚　　（b）尖顶塔克亚　　（c）吐佩西　　（d）吐撒太

（e）卡莎巴　　（f）卡尔卡拉　　（g）迪丽凯

图3-6　未婚姑娘戴的绣花帽的传统分类

吐佩西：高15~20厘米，由3~4片凸三角形缝制的，帽檐下装饰有珠串的绣花帽。

吐撒太：帽深为20~30厘米的各种圆形、圆斗形、尖顶形绣花帽，帽深深于塔克亚的绣花帽。

卡莎巴：帽顶不插羽毛的绣花帽，帽尾有一块带流苏的绣花布装饰。

卡尔卡拉：帽高20~30厘米的尖顶绣花帽，帽檐有一圈裘皮装饰，帽顶用珍稀鸟类的翅膀或尾部的硬质羽毛装饰（不同于大多数帽子的软质绒毛），在羽毛与帽顶结合的部位还有珍珠等装饰。

迪丽凯：小姑娘冬天戴的、有耳扇的镶裘皮绣花帽。

现代帽子已经不限于传统，尤其是在女式帽子的款式设计上，不但在本民族各种类型款式中互相借鉴，而且也借鉴蒙古族等其他民族的款式，使得很多新式绣花帽就连设计者自己也说不清是属于哪一类，外民族就更加难以区分，干脆笼统地将各种无檐绣花帽都叫塔克亚，高一些的绣花帽叫沙吾克烈，镶裘皮的绣花帽叫标尔克。

❷ 新娘高筒帽"沙吾克烈"

哈萨克人的新娘帽是一种高筒帽，他们称为"沙吾克烈"，汉语常译为"凤冠帽"（图3-7）。沙吾克烈帽冠外形呈尖顶或宝塔状，传统的沙吾克烈高度在35~45厘米或以上，顶上有羽毛，里子用毛毡做骨架，挺直而有立体感；外面罩有金丝绒或绸缎，帽子的四周绣满了精美图案，镶珠玉、串珠、金银饰片，帽冠前檐垂饰一串银链，尽显雍容华贵、鲜明艳丽、琳琅满目、流光溢彩。新娘高筒帽的正前方还饰以串珠垂坠于面前，并缀有丝穗、流苏，帽上覆盖白色纱巾，非常秀气。一顶沙吾克烈帽冠就是一件极其精美华丽的工艺品，也是哈萨克妇女最珍贵、最美丽的头饰（图3-8、图3-9）。

图3-7　沙吾克烈

过去，"沙吾克烈"是哈萨克族妇女身份的象征，好似她们的"凤冠"。那时有钱的贵族定做沙吾克烈都会选择珍贵的金丝绒面料，镶嵌最好的串珠、宝石与金银，据说上面的珠宝相当于100匹马甚至是1000匹马的价值。这种帽子做得非常高，坐

图3-8　传统的新娘帽"沙吾克烈"

图3-9　新娘高筒帽（沙吾克烈）

在马车上或骑在马上戴上这种高筒帽，就会高出周围人一截，高高的帽子，加上金银珠宝反射的光，耀眼璀璨，远远地就能在一群人中认出，非常气派。现在新娘帽"沙吾克烈"不再是炫富的工具，而是哈萨克民族服饰的标志，不仅是新娘佩戴，也是节假日妇女的盛装。因为太高了不方便，因此高度都有所下降，在装饰手法上也更加多元化，各种人造珠宝、镂空装饰等被其应用。

现代舞台上的高筒哈萨克帽就是以沙吾克烈帽为原型设计的（图3-10、图3-11）。

图3-10　现代沙吾克烈帽

图3-11　舞台上的高筒帽（哈萨克斯坦）

❸ 镶裘皮无檐帽（标尔克）

标尔克是哈萨克民族对镶裘皮无檐帽的总称，有男女之分，女式要在帽壁上绣花，男式则没有绣花图案或绣简单的纹样。

女式标尔克是女性青年及已婚妇女冬季佩戴的帽冠，用绸布、金丝绒和裘皮等为原料制作的各式圆形或圆锥形帽子，帽檐镶裘皮，帽壁绣花，帽顶上插有猫头鹰或白天鹅羽毛。帽檐所镶的裘皮材料有水獭皮、貂皮、狐狸皮等，帽壁上用各色珠串装饰，珠串之间镶有珠玉、玛瑙及金银，富丽堂皇，光彩照人。

图3-12、图3-13所示分别为传统标尔克和现代标尔克。

图3-12　传统标尔克

图3-13　现代标尔克

❹ 女式翻檐帽（卡尔帕克）

哈萨克人将翻檐帽子称为"卡尔帕克"，近现代翻檐
帽多为男士所戴，但在遥远的过去也有女式翻檐帽。

图3-14、图3-15所示为哈萨克斯坦相关文献与服装
表演中的女式翻檐帽（卡尔帕克）。图3-14所示为翻檐
白毡帽，帽顶较男士帽顶高出许多，刺绣也相对复杂一些。
图3-15所示为布质绣花翻檐帽，刺绣精美的帽子与同样做
工精美的身后装饰相配，仿佛将我们带到遥远的古代。

图3-14　女式卡尔帕克帽

（a）正面　　　　　　　　　　　　（b）背面

图3-15　女式卡尔帕克（哈萨克斯坦）

❺ 女式尖尖帽（库拉帕热）

尖尖帽，哈萨克人称为"库拉帕热"，是一种外形似圆锥体，里面缝着狐皮或黑羊羔皮，面子是各色绸缎，下雪刮风时可在上面加套风帽。

尖尖帽也是远古时期的一种帽子，图3-16所示为哈萨克斯坦服装秀展示的女式尖尖帽。帽顶有动物犄角装饰，两条长长的帽扇绣着精美的图案，将远古与现代结合，仿佛时空的穿越。

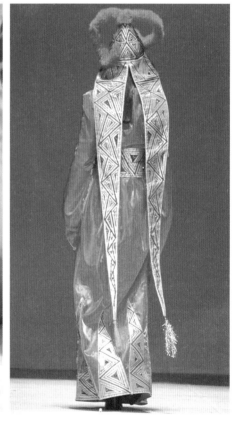

（a）正面 　　　　　　　　　　（b）背面

图3-16 女式库拉帕热（哈萨克斯坦）

❻ 其他花帽

过去，有钱有地位人家的女眷有着不同于寻常百姓的头饰。如已婚的贵族妇女佩戴的"沙吾克烈"，这是外形类似但高度低于新娘高筒帽"沙吾克烈"的帽子，佩戴时将纱巾换成头套"克米谢克"（图3-17）。寇拉，则是一种皇后、公主或贵族小姐佩戴的有立檐装饰的绣花羽毛帽（图3-18）。这些帽子毫无例外都做工精细，使用珍贵的金丝绒面料和上好的串珠、宝石制成。

图3-17　已婚贵族妇女戴的沙吾克烈　　　　图3-18　贵族小姐戴的寇拉

❼ 头套与盖巾

头套"克米谢克"与盖巾"什拉乌什"过去是哈萨克妇女生育后戴的头饰，现在只有老年妇女在婚礼、葬礼等较为隆重或正式的场合才会佩戴这种头饰（图3-19）。套巾一般配套使用，在日常生活中（非正式场合时），为方便干活经常只戴头套"克米谢克"。

"克米谢克"是一种用白布制作的头套，根据各部落的风俗习惯在款式与结构上有所不同，有带檐和不带檐的，下摆有圆弧形和尖角形的。"克米谢克"的披巾宽大，能遮住头、肩并垂至腰下，戴上以后仅露

图3-19　头套与盖巾

出面颊、眼睛、鼻子和嘴，它的主要功能是阻挡风沙侵袭。盖巾"什拉乌什"与头套"克米谢克"配套使用，宽而长，可遮住头、肩、腰，直达臀部以下，盖巾上别银制、金制的别针。为了美观，在"克米谢克"与"什拉乌什"上均绣有花卉图案，哈萨克人称为"颊克"，即边缘图案（图3-20）。

图3-20　头套（新疆维吾尔自治区博物馆藏）

过去不同部落妇女的套巾所绣花卉图案不同。乃蛮部落的纹样是最丰富的，盖巾上的"颊克"花纹一般用二方连续花边图案，可直接刺绣，也可用花边镶饰，花型不大，以角型图案为主，植物图案为辅，颜色比较素雅；但乃蛮部落中的克扎依部的妇女套巾上花纹多用单独图案，花型大而艳丽，以植物花卉图案为主；瓦克和克烈部落的盖巾"什拉乌什"常常没有纹样，克烈部落妇女盖巾上的"颊克"花纹多用单独图案，花型碎而小，以植物花卉图案为主，颜色相对单一（图3-21）。

（a）乃蛮部落　　　　　　　　（b）克烈部落　　　　　　（c）克扎依部（乃蛮分支）

图3-21　不同部落的盖巾

过去，不同年龄与婚姻状态的妇女所戴的盖巾也不同。年轻妇女戴的"克米谢克"与"什拉乌什"盖巾上各色绣花图案丰富，年岁长或者子女多的妇女"克米谢克"与"什拉乌什"盖巾的花纹相对较少且简单，寡妇的"克米谢克"与"什拉乌什"盖巾上不绣花纹，因此从花纹上很容易辨别出该妇女的年龄与身份。

❽ 头巾（吃特）

哈萨克族人称头巾为"吃特"。头巾是哈萨克族妇女日常生活的必备品，以防风和装饰为目的，方便实用（图3-22）。

　　头巾的种类很多，从形状上分有长方形与正方形；从花纹上分有素有花，素色"吃特"四个角上都绣有花纹图案。方形"吃特"小的约50厘米见方，大的约80厘米见方，早年间作为日常佩戴使用的面料主要是棉、毛材质，节假日或有钱人家的女子会佩戴真丝材质。现在棉质的"吃特"已经基本淘汰，主要是真丝、化纤及混纺品。

　　姑娘订婚时，要举行扎"吃特"的仪式，即男方备好一条头巾由前去定亲的妇女给姑娘戴在头上。

图3-22　头巾

　❾ 披肩（萨勒）

　　大的、带流苏的头巾被称为披肩，比头巾厚重，一般冬天用，以保暖和装饰为目的（图3-23）。

（a）针织经编披肩　　　　　　　（b）机织印花披肩　　　　　　　（c）针织手工钩编披肩

图3-23

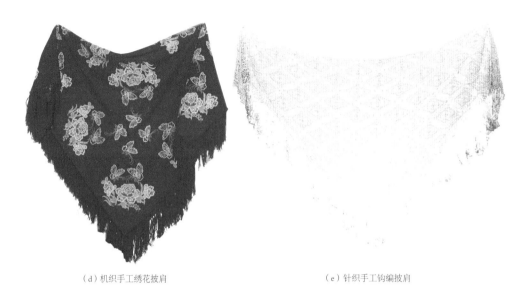

（d）机织手工绣花披肩　　　　　　　　　　　　（e）针织手工钩编披肩

图3-23　披肩

披肩过去主要是毛与棉织物，现在是以各种毛纤维、腈纶仿毛及其混纺纱线为原料的织物。从织造方法上分为机织、针织及手工钩织三种。机织或针织的披肩以方形为主，大小在1.2米左右见方，按装饰纹样分有印花、色织与刺绣。手工钩织的披肩以三角形为主，对角线长在1.5米以上，原料为各色毛线或丝线。

二、男子帽冠

❶ 无檐绣花帽（塔克亚）

男式塔克亚是哈萨克男子夏天戴的一种圆形硬壳小花帽，与女式塔克亚一样有尖顶与平顶两种，尖顶绣花帽在里海以西的阿塞拜疆广为流行，因此也称"阿拜"花帽；平顶绣花帽在中国哈萨克族的乃蛮部落与克烈部落广泛流行，一些地区也将其称为"克撒西"花帽。

男式帽壁上的花纹一般不像女式那样复杂，一般只绣一些简单的小花纹，以动物犄角及其变形纹样为主。成年男子的塔克亚帽顶上不插羽毛，有些部落会增加小穗装饰（图3-24）。但小男孩与男青年戴的塔克亚帽顶上会装饰猫头鹰羽毛，代表欢乐和勇敢。

❷ 软质绣花小圆帽（克撒西）

哈萨克人将软质绣花小圆帽称为克撒西，颜色为白色的绣花小圆帽，因为做礼拜时所戴，故也称礼拜帽，同时它也是生活便帽或作为冬季戴在皮帽、毡帽里的内帽（图3-25）。

需要说明的一点，在克烈部落以及哈萨克斯坦一些地区，人们将所有的男式无檐绣花帽都叫作克撇西，即将男式硬壳帽与软质的小花帽统称为克撇西（图3-26）。

图3-24 男子无檐绣花帽（塔克亚）

图3-25 克撇西

图3-26 男士软质绣花小圆帽和男士硬壳帽（克撇西）

❸ 三叶型翻檐护耳皮帽（吐马克）

三叶型翻檐护耳皮帽是哈萨克民族特有的皮帽，哈萨克人称其为吐马克，一般为成年男子冬季佩戴，但阿勒泰、塔城等地的青年女子骑马时也会佩戴这种吐马克。这种皮帽的左右两侧有护耳扇，后面有一个尾扇，帽子里层用狐狸皮、羊羔皮、水獭皮、貂皮等材料来做，外面采用色彩鲜艳的绸缎，帽顶有圆形、尖形、四棱形等各种款式。吐马克非常厚实、柔软，其独特的设计及制作工艺能有效地遮风雪、避严寒，尤其适合冬季牧区生活（图3-27）。

图3-27 吐马克（新疆维吾尔自治区博物馆藏）

吐马克一般按照皮张大小分为整皮和碎皮拼接两种。拼接皮的吐马克（普希帕克吐马克）是将做帽子及大衣剪剩下来的碎皮子左右对称进行拼接，最小的皮子只有手指宽，深浅镶拼成竖条纹状花纹。

三叶型的吐马克是哈萨克族独特的一种标记与符号，戴上这种帽子，骑上骏马飞奔驰骋，远远看去就能认出这是哈萨克男子矫健的身影（图3-28）。

❹ 男式翻檐帽（卡尔帕克）

哈萨克男子在春秋季常戴一种翻檐帽，哈萨克人称为"卡尔帕克"。这种帽子根据材料和颜色分为两种：白毡帽与布质绣花翻檐帽。

白毡帽有几千年的历史，它是以细白毡制成的毡帽，帽檐上卷，四周镶黑边（也有不镶黑边的），帽顶呈圆形或四角形，远远望去，洁白的帽身引人注目，所以又称阿克（白）卡尔帕克，一般为牧民日常戴用（图3-29、图3-30）。

白毡帽的形状多种多样，根据帽顶图案分绣花与不绣花的，根据帽檐分开口与不开口的，根据制帽方法分一体与四片缝合的，根据帽顶高度分高筒的与普通的。男孩子的毡帽顶上插猫头鹰羽毛或缀着红绿等各色珠串的穗子，十分美观。

图3-28　戴吐马克的哈萨克人（左图与右上图为拼接皮吐马克，右下图为整皮吐马克）

（a）绣花白毡帽　　　（b）开口绣花白毡帽　　　（c）高筒白毡帽　　　（d）不绣花白毡帽

图3-29　白毡帽

图3-30　阿克卡尔帕克（翻檐白毡帽）

过去，白毡帽的形状、上面绣的图案可能是部族的符号，也可能是身份的标识。例如富人、贵族或者法官戴一种有裂口的高尖帽阿克卡尔帕克。圆形不绣花的白毡帽为乃蛮部落的，普通四角形的毡帽是阿勒班部落的，高筒四角形、有流苏装饰的毡帽是"柯赛"部落（隶属乃蛮）的。

美丽、聪慧的柯赛·阿娜生于16世纪末，是哈萨克民族"花木兰式"的传奇人物。她自幼习武，练得一身好功夫。柯赛·阿娜战时能上马领兵打仗，闲时能设计图案，绣制精品，被众人推选为部落头领，她的部落也被称为"柯赛部落"。柯赛·阿娜有四个儿子，为了让他们在今后的生活中能够同甘共苦、团结一心，她设计发明的高筒四角形、有流苏装饰的毡帽，四个面紧紧向中心会合，寓意团结、高升。

布质绣花翻檐帽大约是在18世纪后才开始流行的，其面料的选择以及上面刺绣的花纹往往与服装相配，过去是富贵人家的服装，现在为节日盛装（图3-31）。

图3-31　卡尔帕克（男式绣花翻檐帽）

❺ 男式尖尖帽（库拉帕热）

尖尖帽是冬季佩戴的一种防风帽（风雪帽），哈萨克人称为"库拉帕热"。其外形似圆锥体，里面缝着狐皮或黑羊羔皮，面子是黑色或蓝色的毛布、条绒，亦有各色绸缎的，通常刮风下雪时戴，还可以搭配披风（图3-32）。

图3-32 库拉帕热（男士防风帽）

❻ 男式镶裘皮帽（标尔克）

男式标尔克是一种镶裘的帽子，帽面采用各种厚实的棉布或毛布，帽里衬用毛纤维、棉纤维或薄毡，帽边镶裘皮，所镶裘皮材料有水獭皮、貂皮、狐狸皮等（图3-33）。

图3-33 标尔克（男式镶裘皮帽）

过去标尔克的形状与其上刺绣的纹样也是部族的符号。例如，乃蛮部落的标尔克外形略尖，阿尔根部落（隶属于中玉兹）的标尔克是平顶的，而阿勒班部落（隶属于大玉兹）是圆顶的。标尔克帽顶有绣纹样的，也有不绣纹样的，这些均与部族符号有关（图3-34）。

男式标尔克帽顶一般不插羽毛，但也有的男青年会在帽顶插羽毛装饰。

（a）乃蛮部落的标尔克　　　　　（b）阿尔根部落的标尔克　　　　　（c）阿勒班部落的标尔克

图3-34　传统标尔克（男式镶裘皮帽）

❼ 马拉凯

马拉凯是一种用羊羔皮、马驹皮、狐腿皮和珍贵兽皮等缝制而成，有帽檐、帽边和可上翻耳扇的护耳皮帽子。其外用各种布做面料，里絮有毛、棉或薄毡衬托，是专为孩子缝制的冬季帽子，样子与棉军帽相仿（图3-35）。

图3-35　马拉凯

❽ 包头巾

包头巾，哈萨克人称为吃特或夏勒玛，是男孩子玩耍、骑马参赛时或者在炎热的夏天系在头上的一种包头巾（图3-36）。

❾ 其他帽子

过去有钱有地位的统治者的帽子也不同于普通百姓，他们的帽子做工精细，帽前正中都装饰有一块由黄金镶嵌的硕大宝石。图3-37（a）所示为"库克尔"，是一种有立檐装饰的帽子，立檐与帽身上都绣有精美的图案；图3-37（b）所示为缠裹白丝绸的帽子，哈萨克语称"阿依达尔乐赛兰标尔克"；图3-37（c）所示为有裘皮装饰的帽子，哈萨克语称"阿依达尔乐库德资标尔克"。

图3-36　包头巾

（a）库克尔　　　　　　　（b）阿依达尔乐赛兰标尔克　　　　　（c）阿依达尔乐库德资标尔克

图3-37　带有宝石的帽子

第二节　哈萨克族服装

一、日常服装

❶ 袍服类

数千年来，袍服一直是西部游牧民族主要的服装，袍服实际上就是一种形式简单的长外衣。款式多为合领/翻领、对襟/斜对襟、袖长过指、长度过膝、后片开衩/不开衩、有扣/无扣，既是古代服饰的一种传承，也是古代服饰与现代服饰的一种结合。它典雅大方，方便骑马，适宜劳作，至今仍受哈萨克族人喜爱（图3-38）。

（a）正面　　　　　　　　　　　　　　　　　（b）背面

图3-38　袍服（新疆维吾尔自治区博物馆藏）

哈萨克人的袍服，按照材质有皮质、毛质、棉质与丝绸之分；按照制作层数，袍服又有单、夹、棉之分；依据服装的结构可分为直领对襟袍、翻领对襟/斜对襟袍、圆领对襟/斜对襟袍、圆领半开襟袍、立领对襟/斜对襟袍与立领半开襟袍等（图3-39）。

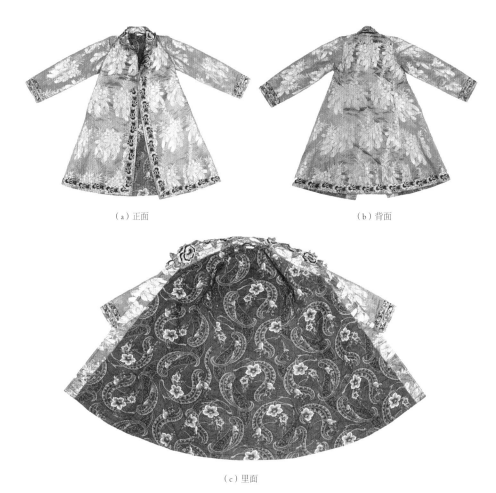

（a）正面　　　　　　　　　　　　　　　　　　　（b）背面

（c）里面

图3-39　棉大衣（新疆维吾尔自治区博物馆藏）

（1）皮质袍服（皮大衣）：在茫茫草原、山区、绿洲上流动放牧，令牧民们生活在气候多变的环境中，他们穿着的特点，也表现出极强的御寒性。在畜牧转场途中，有时会遭遇狂风、冰雹的袭击，因此，皮大衣在他们的生活中有着非常重要的作用。宽大、厚实、袖长过指是哈萨克族男子皮大衣的特点，由于骑在马上，大衣需盖在腿上保暖，因此皮大衣的下摆特别大，所以多裁剪成斜对襟。这种皮大衣具有极强的耐穿、实用功能，也表现出牧民们淳朴、奔放、粗犷的性格和朴素的审美观。皮大衣根据所用材料又可以分为布面皮大衣、光板皮大衣与鹿皮绣花大衣。

带布面的皮大衣叫"衣什克"，面布选用质地厚实、色泽鲜艳、禁穿耐磨、耐脏，能防雨雪的条绒、涤卡或华达呢等布料，考究的也用绸缎做面布；皮挂多用小羊皮、羔羊皮，女式皮大衣也有用狐狸皮（除狐狸腿皮），男式用狼皮（图3-40）等其他贵重兽皮的。"衣什克"款式别致新颖，富有浓郁的民族韵味，一般是在出门走亲访友或办事时穿。腰间束镶银饰、宝石的宽皮带，佩挂小刀，配上精美的镶饰宝石的刀鞘，坐车、骑马都能保暖御寒。

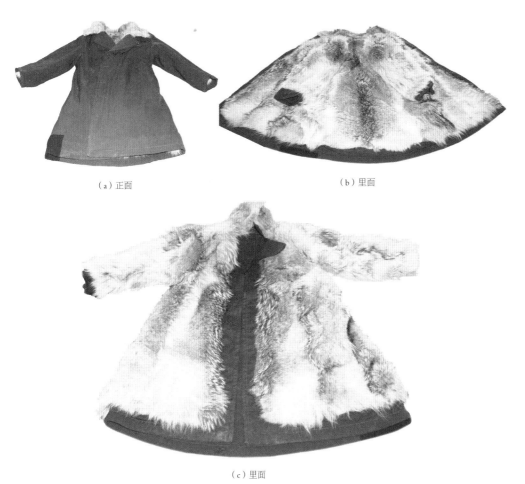

（a）正面　　　　　　　　　　　　　　　（b）里面

（c）里面

图3-40　狼皮大衣

哈萨克族青年女子的带布面皮大衣与男子的有所差别，大衣多用小羊皮、卷毛羔皮等材料做里布，用金丝绒等高档布料做面布；袖口、领口用旱獭皮、水獭皮、卷毛羔羊皮或狐狸皮等珍贵兽皮制成，青果领为常见领型；大衣收腰、后腰有小腰襻，小腰襻两端钉有纽扣；大衣的前襟和下摆有各种图案，非常精美。

不带布面的皮大衣，也叫光板皮大衣，哈萨克人称"托恩"，毛朝里、光板朝外穿着。它们通常由羊皮、狼皮和其他野生或家养的大型牲畜皮毛制成，非常适合大草原寒冷的气候条件。这种皮大衣衣襟宽阔，可裹住另一个人，下裾拖长可扫地面，穿着时腰束宽皮带，可附带挂一些小物件。这样的大皮袄不仅穿着时保暖性能极好，而且在野外露宿时可代替被褥使用，是牧民放牧时的最佳服装。

用鹿皮与羊羔皮做的光板皮大衣上面绣有精美的图案，是高档的"托恩"（图3-41）。其中用鹿皮做的光板皮大衣更为珍贵，是在正式场合中穿着的皮衣。

（a）正面

（b）背面

图3-41　绣花鹿皮大衣（新疆维吾尔自治区博物馆藏）

新疆是我国的主要牧区之一，历史上生活在这一地区的哈萨克人都是以牧为主，并开展狩猎活动。其中新疆的马鹿❶是牧民狩猎的主要目标之一，除了吃马鹿肉之外，还用马鹿皮制作服饰及其各种生活用品，成为牧民们的一项主要工作。新疆的马鹿皮手感极佳，是其他任何皮料所不能比的。野生的马鹿皮有着自然粗犷的纹路，松软、孔率大、韧性足，延伸性大等特点，是优良的皮革原料，鞣制后异常坚韧、柔软。

　　马鹿皮轻盈、结实、平展、保暖、美观，用马鹿皮制作的衣服更显得珍贵和华丽，是有身份之人的首选（图3-42）。在新疆阿勒泰地区的布尔津县博物馆有一件马鹿皮大衣——胡安德克皮大衣，被评为国家一级文物。

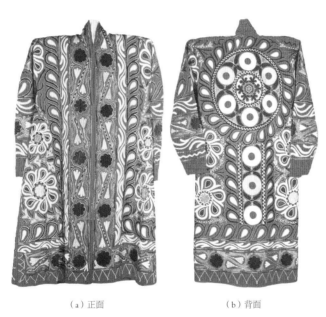

（a）正面　　　　　　　　　　（b）背面

图3-42　马鹿皮绣花大衣（哈萨克斯坦藏）

　　胡安德克是清代哈萨克族克烈部落的首领，是哈萨克的部落英雄。在18世纪中叶，准噶尔部称霸漠西，哈萨克克烈部也难幸免于难，这场争斗让平静的草原陷入了一场巨大的浩劫。面对大批部族成员的伤亡和草原民族赖以生存的牲畜损失，以及克烈部族人家园的不断沦陷，胡安德克主动请缨，要求和准噶尔部骑兵决战，最终，英勇的胡安德克杀死了进犯的侵略头目，保住了领地。为了奖赏胡安德克，

❶　马鹿：现为国家二级保护动物。

1745年哈萨克族中玉兹阿布贲汗命令13名绣女耗时90天精心制作了这件鹿皮大衣，赐给英雄胡安德克（图3-43）。从此他奋战沙场，屡次打败侵略者。

图3-43　胡安德克皮大衣（布尔津县博物馆藏）

胡安德克在哈萨克语中的意思是"我们都高兴"，这件大衣用鹿皮制成，大衣的前襟、后背、袖边都用不同颜色的丝线绣出绚丽多彩的花纹，历经260多年，依然光彩亮丽。大衣长约2米、肩宽约1.2米。这样又宽又长的大衣就是两个人也不一定能穿得起来，因此从这件大衣上我们不难想象，在那个尚武的古代草原上，胡安德克是多么强壮与彪悍，可以想象当年英雄身披大衣，凯旋时的英武气概和壮观的场面。

今天的胡安德克皮大衣不再是一件普通的大衣，它是哈萨克民族英雄的象征。

在哈萨克族人的心目中，鹿是一种善良的神物。他们认为鹿是一种吉祥物，会给人们带来好运，用鹿皮制作的衣物将会带来福气和吉祥。

无论是带布面的皮衣"衣什克"还是不带布面的皮衣"托恩"，都是根据它们所使用的材料来命名的，如旱獭皮、狗皮、马驹皮、羊皮、狼皮、狐狸皮大衣等。现代的人们喜爱皮装，但若回顾历史就会发现，这并非现代人的创举，而是最原始、最传统的工艺。不同之处仅在于制革工艺技术的逐步提高。

锦缎大衣（哈木卡托恩）是哈萨克族女孩在冬天穿着的大衣，锦缎为面，染色的羊羔毛皮为里。把鞣熟的羊羔毛皮用大黄、赭石、地衣等物着色，用珍贵兽皮给领、袖、前襟和衣边镶边，腰身细、衣边长而宽。

鞣革是游牧民族生活中一项重要的技艺。鞣革在民间称熟皮子，哈萨克族民间加工熟皮子的方法因个人或地区不同而略有差异。

皮革的加工：毛皮先用温水浸泡，放在环境温度较高的地方浸泡1~1.5天，待毛自然脱落后，将酸奶、酸奶疙瘩汁、玉米面等拌成粥状涂抹在皮革上并放入袋中捂若干天，让其发酵。发酵时间的长短因气候等因素略有差异，一般需发酵7~10天，皮子就熟了。如果发酵的时间短了，皮子没有熟透便会发硬；时间长了，皮子就烂了。发酵后取出皮革，此时皮子泛黄色，经过清洗、拉伸，刮去皮板上的肉、油、筋膜等软组织等工序后晾干，这时的皮张变得比较白净，再用刨刀刨软或手工搓软，整个过程就完成了（图3-44）。

熟毛皮：将皮毛朝下铺平，用牧民自己发酵的酸奶，抹在皮板反面。酸奶涂抹好以后，撒上一些细盐后，皮板反面对折（皮板对皮板）装入塑料袋，放在温热的地方或有阳光的地方晒一周（注意不能暴晒），皮子就基本熟了。将皮子取出洗净、晾一两天后呈半干状态，放上一点粗玉米面，用专用工具（也可用铁锹、镰刀等）刮去皮板内层上的肉、油、筋膜等软组织，软组织刮掉后皮板就变白、变软了，但还不能达到预期的要

图3-44 皮革软化工具

求，需要再将用水稀释的牛奶洒在皮子上面，再捂1~2天，取出，用刨刀或人工搓软。做一件皮衣需要多张皮子，需要牧民们互相帮凑。例如，做一件羊皮大衣需要十张皮子，主家就会给其他人家说，今年要做一件黑色的羊皮大衣，已有三张皮子，还需要七张皮子，这样邻里街坊宰羊时就会有目的地选择黑色的羊进行宰杀；做一件狼皮大衣需要七张皮子，多为邻里街坊互相帮凑。

（2）布质袍服：哈萨克人称布质袍服为哈拉特或切克袢/沙番，这是包括哈萨克人在内的西域各民族最为古老的传统外套，样式类似现在的睡袍或浴袍（图3-45）。布质袍服是夏季气候凉爽时或春秋季节哈萨克牧民常穿的一种或单或夹的布质大衣（图3-46）。面料多选用中、深色布料，最普遍的是黑色条绒、咖啡色条绒、线呢、华达呢之类。日常的布质袍服素雅大方，节假日会穿着带绣花的布质袍服，内穿白色半开襟套头绣花衬衣或条格纹的衬衣，搭配长裤、长大衣、束革带等（图3-47）。

女子的大衣颜色各异，用各种布料缝制成，腰身细、下摆比男子大衣要宽大。大衣后腰要缝制小腰带襻，前襟至腰间比男子大衣紧凑。

"库普"是春秋及初冬在家附近时哈萨克人穿的絮有骆驼毛、绵羊毛或棉花的棉大衣，领子与袖口用羊羔皮、狐狸皮或旱獭皮等较为贵重的兽皮镶嵌，也有不镶嵌毛皮全部用布料来缝制的。

图3-45　绣花光板羊羔皮大衣与手织毛布
切克祥（巴音郭楞蒙古自治州博物馆藏）

图3-46　布质袍服——哈拉特

图3-47 布质袍服

❷ 衬衣

　　哈萨克族男子在夏天喜欢穿衬衣，他们称其为奎丽可。衬衣用棉布、丝绸以及
涤棉等布料缝制，有立领和翻领、长袖和短袖，衬衣的下摆至腰间，长袖衬衣的袖
口既有褶系扣的，也有无褶宽大的（图3-48）。

图3-48 衬衣（新疆维吾尔自治区博物馆藏）

年轻的牧民在夏季爱穿白色的半开襟套头衬衣，衬衣多为立领，在领口、袖口
与前胸绣十字花纹，也喜欢穿格条的花衬衣，在衬衣外穿坎肩。

白色绣花衬衣一般搭配青布长裤。腰间束带，脚穿皮靴，整体服饰体现牧区居
民健美的特点，是哈萨克人在大自然中的主体感悟与审美特征。

❸ 短外套与裤子

外套（米西别特）：用厚布料缝制成的四季外衣，有领、有袖、有袋，袖子有长
袖与半袖两种，下摆至腰臀以下（图3-49）。夏季有单有夹，冬季布料中间絮有毛、

图3-49 短外套与裤子（新疆维吾尔自治区博物馆藏）

棉纤维。男孩在逢年过节、婚庆喜事和盛大集会中穿着的米西别特在领、袖处绣有花草图案，显得十分美观。

女孩的米西别特与男孩的外套一样，也区分冬夏季，但选用的布料和制作式样有所不同。冬季女孩米西别特还有用狐狸皮、小羊羔皮等材料做里。

塔城地区的哈萨克人将外衣称为哈拉特，除短外套外，还包括女式长短风衣。

裤子，哈萨克人称为"恰勒巴尔"，是哈萨克族男子穿着的用牲畜皮和兽皮及各种厚实布料缝制的宽腰、肥裆、大裤腿的外裤。

裤子分为夏季和冬季两种。按缝制的材料分为皮裤和布裤。冬季穿棉裤或毛皮裤，毛皮裤用短毛的大牲畜皮缝制，有带布面的毛皮裤，也有不带布面的光板毛皮裤；棉裤用灯芯绒等厚实的布料做面，用柔软的棉布做里，中间絮有羊毛、驼绒或棉花，绗缝而成。夏季裤子按裤料可分为皮裤和布裤，夏季皮裤是用光板皮革缝制，为去毛羊皮（图3-50），常用不同的颜色着色；布裤用羊毛、驼毛在土织布机上织成，再手工进行缝合，穿着时以皮制腰带穿系于腰上。

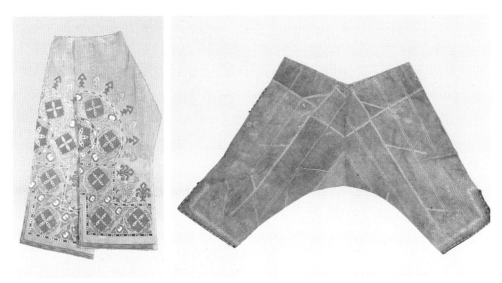

图3-50　绣花光板皮裤（左，哈萨克斯坦）与拼接皮裤（右，新疆维吾尔自治区博物馆藏）

其他季节多穿以布料缝制的长裤，过去用青色布或黑色条绒及毛料布为多，现在更多的是各种化纤及其混纺织品，平时不讲究，节假日穿的多在裤脚处绣花纹，既美观大方，又对易磨损的裤脚有保护作用（图3-51）。裤子还分宽口裤与窄口裤。

宽口裤有时在裤边开衩，裤的边缘绣饰花草叶纹或几何纹刺绣图案，衬出一种装饰的美；窄口裤穿着时将裤子套入皮靴，显得轻快、利落。

山区高寒地带的哈萨克牧民冬季骑马、放牧时穿的裤子是用鞣熟的绵羊皮做成的大裆皮裤，光板在外毛在内，讲究的还会在皮裤边缘绣花，既保暖又美观。特别要说明的是在寒冷的阿勒泰地区的牧民，过去有一种大裆老羊皮裤，是套穿在很厚的棉裤或者无皮裤之外的大裆毛皮裤，并且要把很厚的棉上衣的下摆完全塞进裤腰，所以宽大到令人咋舌的地步。从腰部看，它是一个边缘可以穿系绳的阔口皮袋；从裤管看，它是两个小皮袋通连着一个大皮袋；从整体看，它就是一个大皮囊。因为裤裆太阔，裤管也宽大，裤口也宽大，并考虑到便于骑马和穿长筒的毡靴或皮靴，裤管设计不太长，类似现在流行的七分裤，所以这种裤子特别的短胖，却非常实用。坐在马背上，腿胯活动不受限，并且十分稳当，还可以把三五岁的孩子塞在裤子里，只留个小脑袋在外边，宛若小袋鼠在妈妈的腹袋里探头探脑，实在是一种聪明的设计。

图3-51　绣花套装（新疆维吾尔自治区博物馆藏）

过去，年轻女性爱穿绣花套裤，衣服上喜装饰银圆和银制品及各色珠扣。现在，这种服饰已非常少见了（图3-52）。

护膝套（提兹卡普）：分别穿在两腿上，无裆无腰，面里絮有羊毛、棉花，上可护膝，下可盖到脚面，属于外出骑马的护膝保暖服。讲究的护膝套要绣花纹，女子穿着的护膝套在裤腿和膝盖处还要镶毛边。

目前，哈萨克民族多穿西裤或牛仔裤等现代裤装，宽松的绣花边裤子和护膝套被视为古老服饰的展品珍藏着，也作为民族服饰在节日和特殊场合穿着。

图3-52 短外套与裤子

❹ 坎肩

坎肩也称马甲、背心，分短款与长款两大类，是一种无袖或短袖、相对合体、兼具装饰与保暖作用的服装（图3-53）。

短款坎肩哈萨克语称"卡资凯"，有男女之分，也有夹棉之分。这是一种衣长至腰臀部位、无袖无领、前门襟对开、有三粒纽扣的轻便外衣，一般有三个口袋（左右各一个，左前胸一个）。冬季穿棉坎肩，其他季节穿夹坎肩。女款收腰、挺胸，前胸和下摆都要绣花，以突出女性的柔美。平时穿的坎肩刺绣简单一点，参加社交活动时穿的

图3-53　坎肩（新疆维吾尔自治区博物馆藏）

　　坎肩绣花要精致许多，而且会镶嵌或佩戴一些天然美石、珍珠和银饰。男款平时穿的不一定刺绣，但参加社交活动时也要穿着有装饰、绣花的坎肩（图3-54、图3-55）。

　　长款坎肩是一种长至大腿中部以下的服装，分无袖与短袖两种。无袖长坎肩哈

图3-54　绣花坎肩（右一为新疆维吾尔自治区博物馆藏）

图3-55　短款坎肩

萨克语称"季凯体"，采用前门襟对开、锁扣眼，用扣子系扣；短袖的长坎肩哈萨克语叫"卡幕祖丽"，一般采用对襟不搭门襟或暗门襟款式，用漂亮的银质盘扣搭扣，或用暗扣搭扣后再用腰带来固定与装饰。长款坎肩都为收腰款式，下摆有不开衩的、左右两边开衩的及前后左右四开衩的。讲究的坎肩不仅在衣身上装饰珠宝、银饰，还在领口、袖口、下摆用皮毛、金银线嵌绣或拼接装饰。过去是有钱人家女子所穿的服装，现在则作为节假日出门做客及参加其他社交活动时穿的服装（图3-56）。

　　坎肩采用各种平绒、条绒或金丝绒等为面料，也有选用羊皮、马驹皮的；女子喜好红、蓝、绿等浓艳的颜色，男子喜好黑、蓝、绿、枣红等沉稳之色。冬季坎肩里面絮有棉、毛纤维，或直接用羊羔皮等毛皮制作。

图3-56　长款坎肩与现代青年男子服饰

哈萨克族女性穿花色连衣裙一般喜欢在外面套坎肩。坎肩一般用天鹅绒（平绒）等布料缝制，胸前还缀满彩色的扣子、银饰等装饰品，走起路来叮咚作响，饶有风趣。现今农牧区哈萨克族姑娘还在穿这种坎肩。

❺ 裙装

连衣裙，哈萨克人称为"奎丽可"，哈萨克族妇女喜欢穿着各式连衣裙。夏季喜欢穿有领有袖，下摆至膝盖以下、小腿肚以上的连衣裙（图3-57），布料为红、绿、蓝、白等色泽艳丽的真丝绸缎，春秋季选用相对厚实的面料。其中多层塔裙/荷叶边连衣裙，哈萨克人称为"结乐比尔奎丽可"，是哈萨克族女性的最爱，自幼就穿着。荷叶边一般装饰在裙摆与袖子上。哈萨克族女性的连衣裙种类很多，并按年龄选择服装样式。少女和少妇们内穿艳丽的连衣裙，外加各色金丝绒及平绒面料制作的坎肩，衬出丰满、苗条的体态，走亲访友或逢喜庆佳节时，胸前缀彩色扣、银饰等装饰品，配上头戴的帽子或头巾，与高山、草原牧区的环境相互陪衬，艳而不俗。新婚妇女通常会穿红绸子制作的连衣裙，戴尖顶高帽，使人一看便知其身份。中年妇女于暖季会穿着胸前和下摆用彩绒绣边，两侧有两个衣袋的半截袍长襟（袷袢）和坎肩（季凯体）（图3-58）。老年妇女也会身着各式或花或素的连衣裙，展现自己独特的魅力。为防寒，牧区妇女们还喜欢在连衣裙内穿各种花衬裤。

此外，一些年轻的姑娘、媳妇还喜欢在服装的领、袖、袋口等部位装饰，刺绣或用其他颜色的高档布料来镶边，有时也用兽皮镶嵌，两侧口袋盖用其他颜色的高档布料来镶边嵌。

二三十年前，男女老少的服装，除少数在市场上购买外，大多是各家自制，他

图3-57 连衣裙（新疆维吾尔自治区博物馆藏）

图 3-58　裙装

们的缝纫手工艺代代相传，使世代的男女服装保持了民族的独特风格。

　　围裙，哈萨克语称"夏力格什"，也是哈萨克族妇女的常用服饰之一（图3-59），围裙既可在干活时保护衣服，也有装饰作用。有的裙装后臀系有围裙（白毡做里布，

图 3-59　哈萨克族妇女的绣花围裙（新疆维吾尔自治区博物馆藏）

外罩黑面布，面布上绣图案），可以称为随身携带的坐垫，极具民族风格。

二、新婚及节假日礼服

新婚服饰、聚会和节日服饰是最能体现哈萨克民族服饰文化的（图3-60）。

哈萨克新婚妇女在显"怀"之前一直穿着用红绸子制作的连衣裙，哈萨克语称"结列克"，头戴尖顶高帽"沙吾克烈"，使人一看便知是新婚妇女。

新娘服首选红色，这同他们古老的太阳与火神崇拜有关。

图3-60　新婚及节假日礼服

三、哈萨克斯坦服饰

　　哈萨克斯坦与中国新疆的哈萨克民族同根同源，再加上不断交流融合，服饰基本相同，但作为一个国家的主体民族，他们对本民族的服饰更加重视，视其为民族之魂。他们在重要节日里都强调穿着传统的民族服饰，对于舞台表演服强调民族与现代相融合。此外，在对一些古老服饰的归类上，与我国也有一些差异。例如，在哈萨克斯坦的服装秀中有一种硕大的头饰，在我国相似的头饰则归类于柯尔克孜族的传统头饰中。另外，由于受俄罗斯及欧洲服饰的影响，在哈萨克斯坦男子传统服装中有一种名叫"杰士叠"的由衬衫、外套和裤子组成的三件套服装，在我国被认为是现代外来服饰。

　　图3-61所示为哈萨克斯坦共和国参加新疆国际服装节时展现的民族服饰。

图3-61

图 3-61

3-61

图3-61

第三章
近现代哈萨克族服饰

图3-61　哈萨克斯坦共和国参加新疆国际服装节的民族服饰

四、儿童服饰

❶ 新生儿服饰

哈萨克族把新出生的婴儿裹放在摇篮中抚养，因此新生儿的服饰只有婴儿帽与婴儿衣以及褓褥和尿布。

婴儿帽（斯劳帽）：将柔软的棉布剪裁成宽约3厘米、长约30厘米，折叠长布两边，缝结两头，遮盖顶部而制作的无里子婴儿单帽（图3-62）。

婴儿衣：用柔软的棉布或绵绸为新生儿缝制的毛边朝外的无领宝宝服。

哈萨克族将婴儿的第一件衣服称为"伊特吉依迭"，意为狗衣（图3-63），这是因为哈萨克族把狗视为七大

图3-62 婴儿摇篮及帽子

财富之一（忠诚的朋友、贤妻、智慧、枪或利剑、骏马、猎犬、雄鹰被哈萨克族认为是哈萨克人的七大财富）。按哈萨克族的习俗，将满40天的婴儿脱下的衣物系在婴儿家的狗脖子上让其追逐玩耍一会儿，待解下婴儿衣清洗干净后，藏存在箱柜里。这是用以预祝他们以后多子多孙、儿女满堂的一种礼仪，狗衣由此得名。"伊特吉依迭"不是随便谁都可以给宝宝做，而需由孩子多、没病没灾、健康、家庭和睦、子孙孝顺、事事如意的女性长辈制作并送给孩子穿的。

与所有突厥语系的民族一样，"40"在哈萨克人的传统文化中是十分吉利的数

图3-63 婴儿衣

字。它既具有飞跃、转折之意，也具有圆满之意。另外，在突厥语系中"40"是一种达到极限和夸张含义的数字：超过的为多，否则为少。

哈萨克民族有给满40天的婴儿过满月礼的习俗。并认为，过了40天后，婴儿才会开始注意周围的环境、注意人们的声音，所以这一天算是孩子的转折时机。仪式上，主人会邀请一位年长的妇女给婴儿浇第一瓢水洗澡，表示洗去污秽，洁净入世，而洗澡水也是象征性的40瓢。

哈萨克语中常用的数词"40"极其多，如"40"＋"补丁"为"补丁摞补丁"，"40"＋"刺刀"为"千疮百孔"，"40"＋"组成"为"东拼西凑"，"40"＋"变化无常"为"变化多端"等。"40个希尔坦圣人"是哈萨克族英雄神话，在史诗中是保佑英雄和为英雄消灾解难的圣人，又称"隐身的40个希尔坦圣人"。40个希尔坦圣人时而隐身、时而现身，但人看不见他们。在哈萨克族英雄史诗中，当英雄远征时，其父母便祝福说，"愿40个希尔坦圣人保佑"。由于40个希尔坦圣人的保佑，箭射不中英雄，敌人挥刀的手会被打歪，英雄及被称为"英雄的翅膀"的骏马会化险为夷，当英雄被敌人俘虏投入深不见底的地牢时，也是轻轻飘落，不会被摔得粉身碎骨。40个希尔坦圣人还用魔法给英雄送饭，并帮助其逃出地牢。此外，40个希尔坦圣人也为人们消灾赐福，无子女的人只要向40个希尔坦圣人膜拜，便可生儿育女。当灾祸降临、疾病蔓延时，人们向40个希尔坦圣人膜拜还可祛病消灾。

❷ 婴幼儿服饰

婴儿进行完40天满月礼后，开始改穿各种各样的婴幼儿服饰，这些服饰是以婴儿穿着舒适、防寒避暑为目的而缝制的（图3-64）。

婴幼儿服饰有小棉被、上衣、背心、裤子、围嘴衣，各种帽子、披风、袜子、软皮鞋等。

小棉被有保暖防寒的作用，便于抱、放婴幼儿。

上衣中比较有特色的是内衣"阿达力"，意为圣洁之衣，是一种用柔软布料制作的有袖有领、毛边朝内缝制而成的内衣。一般情况下是由接生婆特意缝制带来，在40天的满月礼上亲自给婴儿穿上，同时按习俗接受婴儿父母馈赠的礼品。

背心（库尔迪克谢）：有普通背心和连裤背心，冬季絮毛/棉，其他季节为夹。普通背心是一种长度至臀部，在右肩和右腋下系带的右衽大襟背心。连裤背心要从

图3-64　婴幼儿服饰

胸部到腿甚至到脚部都连体缝制，在双肩与臀部系扣，为一种连背心的开裆裤。在抱小孩或让小孩躺着或坐着时，连裤背心裆间要铺垫尿布，一防受寒受凉，二防便尿撒在床褥上或弄脏抱小孩人的衣服。

围嘴衣（阿乐加普克西）：采用棉布缝制套在小孩衣服外面，防止小孩胸前脏污的服饰。这类服饰分为两种，无袖围嘴与有袖的反穿衣。围嘴有系在颈后和腰部的细带，反穿衣也有系在颈后、背部和腰部的细带（图3-65）。

帽子有各式小花帽（塔克亚），按照孩子的头形缝制成圆顶、扁顶或尖顶，面里衬薄软的毡子或用硬厚布绗缝。帽子上要插猫头鹰的羽毛，帽边镶嵌各种珠子、石纽扣等装饰物。男童还会戴软质小圆帽（克撇西），即用两片或四片或六片布块缝合成平顶或略尖顶的婴幼儿帽子。棉帽有棉皮帽（库拉克钦），用毡子和羊羔皮、狼皮、狐狸皮等珍贵的动物毛皮来缝制样式各异、带耳扇的婴幼儿冬帽。此帽样式较多，有圆顶的和尖顶的，帽边有可翻的和不

图3-65　围嘴衣

可翻的、有帽檐的和无帽檐的。个别皮帽用狼、狐狸等兽类的头皮制作时，帽顶留有兽耳，独具特色。小孩的棉皮帽顶上也要插猫头鹰羽毛，帽边点缀各种宝石纽扣。

披风（克伯聂克谢）：也叫斗篷，是一种专为小孩制作的长且厚的暖衣，用薄毡或者以棉/毛/丝绒等布料为面，棉布为里，中间絮有毛/棉的无袖外衣，有连帽与不连帽的两种。

婴幼儿会爬、会坐后要给其穿上袜子和软皮鞋。

袜子：按婴幼儿脚的大小，用松结构的薄毡、薄软皮或布片缝制的袜子。

软皮鞋（波普西）：穿在袜子外、用软皮缝制成软底无后跟系鞋带的婴幼儿单鞋。

孩子学会走路后父母要给孩子举行走路礼。行完走路礼后，爷爷和奶奶就可以带着小孙子走亲访友。这时亲朋好友会给要穿新衣服的孩子赠送礼物，如赠送孩子帽子上的猫头鹰羽毛和穗子，以及上衣胸前佩戴的银圆、珠子、石纽扣、串珠等物品。这些物品一是对孩子的美好祝福，二是用以点缀孩子的服饰，为的是让孩子快乐，对未来充满憧憬。这种美好的礼俗已融入哈萨克民族的服装服饰文化中，并逐渐成为服装服饰的装饰品，形成了独特的民族服饰特点。

❸ 儿童服饰

孩子经过婴幼儿期，步入童年后，其服装款式有了男女服装之分，并以哈萨克族特有的风格进行装扮（图3-66~图3-68）。

图3-66　儿童服饰-1

图3-67　儿童服饰-2

图3-68　儿童服饰-3

小花帽有塔克亚、克撇西、马拉凯、吐佩西、吐撒太。棉帽有迪丽凯、马拉凯等。毡帽有卡尔帕克等（图3-69）。

图3-69　儿童帽子

自古以来，哈萨克族儿童为了适应游牧生活，从小在马背上长大。因此，裤子大多依生活环境而缝制。

孩子自懂得遮羞开始就不穿开裆的裤子了。这时孩子的裤子也同成人一样分冬夏两季，但制作方式有所差异，且名称也不同。例如，小孩腰细，裤腰易脱落，于是在腰前缝制胸挡，在后裤腰上系2~3厘米宽的带子交叉地通过肩部扣在胸挡上，这种裤为吊/背带裤，哈萨克人称为"阿斯帕斯木"。而无背带的裤子早期需系裤带，有了松紧带后穿松紧带。吊/背带裤胸前缝有一个口袋，无吊/背带的裤子两侧缝有口袋。

有的男孩裤子会在膝盖处和裤腿上绣制适宜的花纹图案，这种精心制作的绣裤通常是在逢年过节、婚庆喜事和随父母走亲访友时才穿着。

男孩内裤是用柔软的棉布缝制成长裤或短裤，是穿在外裤里面，紧贴身体穿着的裤子。内裤多用白布缝制，也有的用淡蓝、天蓝、灰、绿等颜色布料缝制而成。

女孩内穿宽松的裤子，外穿各式连衣裙，连衣裙外喜欢搭配用各色金丝绒及平绒面料制作的坎肩，与成年女子的服饰风格相似（图3-70）。

图 3-70　女童裙

第三节　哈萨克族服饰的造型结构

哈萨克民族服装形制多样、款式丰富，其结构在遵循平面整衣型结构的同时，不同的服装形制又表现出不一样的造型结构特征。本章按照哈萨克族服装的形制分类，分别选取有代表性的帽子、头套与盖巾、袍服、坎肩、裤装和裙装中的实例，对其款式和结构进行具体分析。

一、哈萨克族帽子结构

哈萨克族典型帽子的尺寸表与实物图如表3-1、图3-71所示。

表3-1　典型帽子尺寸表　　　　　　　　单位：cm

男式塔克亚		吐撒太		现代版沙吾克烈	
帽顶直径	22	帽高	24	帽顶围	10
帽口围	60	帽壁高	8	帽身高	35
帽壁高	6	帽口围	54	帽口围	53

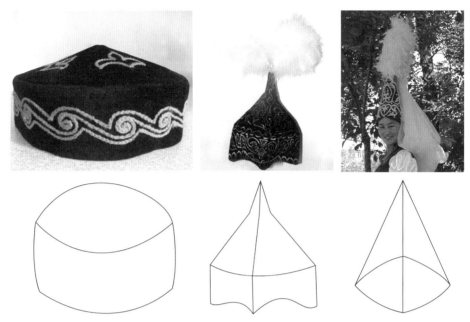

图3-71 典型帽子实物图和外观图

二、皮帽吐马克

皮帽吐马克的尺寸表、实物图与结构图如表3-2和图3-72、图3-73所示。

表3-2 吐马克尺寸表
单位：cm

部位	帽口围	帽深	前帽檐宽	耳扇宽	耳扇长	后扇宽	后扇长
规格	64	15	10	21	18	24	20

图3-72 吐马克实物图

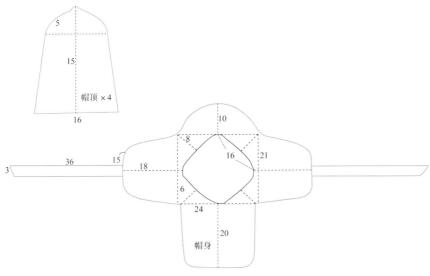

图 3-73　吐马克结构图

三、哈萨克族鹿皮袷袢

　　游牧的哈萨克民族用狩猎、畜养或交换的动物毛皮制成服装，并绣上植物、花卉等图案，形成具有民族特色的服装。皮袍的毛皮主要为当地的羊羔皮、狐狸皮、鹿皮、狼皮以及其他名贵兽皮，这种因地制宜、合理利用当地资源凝聚成的地域性服装材质，是哈萨克民族能够创造辉煌服饰文化的载体。

　　新疆维吾尔自治区博物馆中的实物藏品"哈萨克族鹿皮袷袢"为清代的一件皮袷袢（图3-74）。该袷袢为鹿皮面料，鞣革细腻，轻薄柔软，是皮革中质地上乘的面料；袷袢整体呈土黄色地，在肩部、领口、袖口、前襟和下摆处，用白、蓝、红、绿等颜色的线绣织卷草纹组合纹样，透发出一种纯朴、粗犷、大方的草原风格。

图 3-74　哈萨克族鹿皮袷袢实物图

哈萨克族鹿皮袷袢在形制上保持了新疆传统袷袢的样式：肩袖平直、直领对襟、袖口窄小、衣身宽大。但是，由于受动物的大小以及皮张尺寸的影响，该袷袢有多处不规则的拼接，形成了不同于纺织品类服装的独特结构。拼接处也富于变化，有的直接缝合，有的拼缝被织绣的图案按压住，还有的沿拼缝做"之"字缝，又构成了丰富的装饰图案。此袷袢的领口、袖口处均用白色的皮条包边，牢固耐用。

从结构上来讲，该袷袢属于平面整衣结构的变体（图3-75）。袷袢的领子为装领，领宽较宽，半月形领直达胸部，前胸处比较平服，颈部稍稍立起，外形类似于青果领。袷袢的右肩部有一断缝，拼缝处用彩线做装饰，但左肩并没有发现肩缝的痕迹，所以推测右肩缝是由于皮张尺寸的影响而采用的拼接，而非肩部结构的特殊处理。该袷袢衣长126厘米，通袖长201厘米，没过指尖数十厘米，底边宽125厘米。鹿皮绣花袷袢不是一般人能够穿着的，它是有身份的人在参加盛大活动时穿着的服装，所以与我们一般意义上对胡服的定义不同，它并不方便日常劳作。

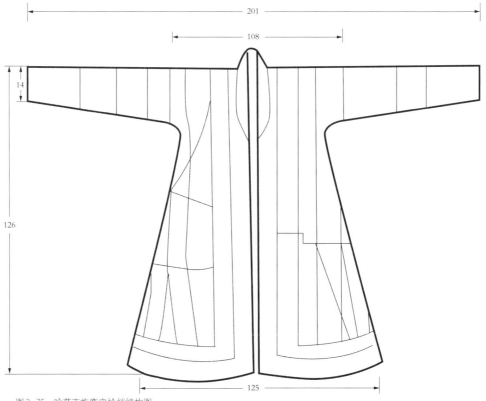

图3-75　哈萨克族鹿皮袷袢结构图

四、哈萨克族女子裙袍套装

哈萨克族女子的裙袍套装尺寸表、实物图、外观图和结构图，如表3-3、图3-76~图3-79所示。

表3-3　裙袍套装尺寸表　　　　　　　单位：cm

部位	外套	内裙
衣长	103	120
胸围	104	98
袖长	20.5	50.5
领口围	51	44
底边长	144	180
袖窿	44.5	39.5

（a）红色短袖外套　　　　　　（b）绿色长袍内裙

图3-76　裙袍套装实物图

图3-77

图 3-77　裙袍套装外观图

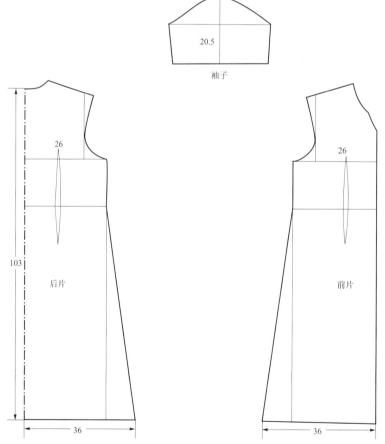

图 3-78　红色短袖外套结构图

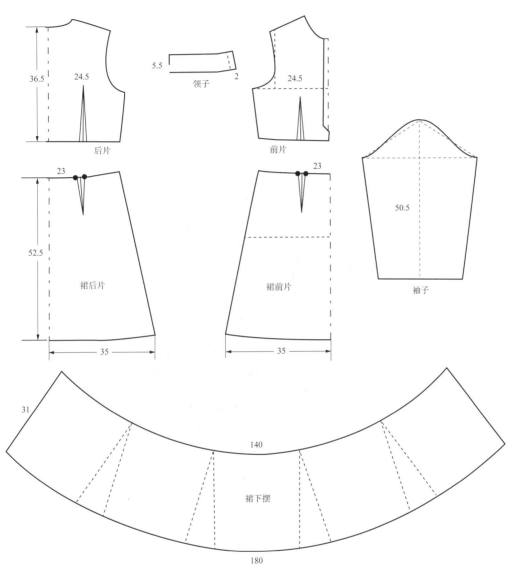

图3-79　绿色长袍内裙结构图

五、女式旱獭皮斜对襟大衣

　　旱獭也叫土拨鼠，生活地域很广，在我国根据地域特征分布在内蒙古、新疆与甘肃三地。新疆的旱獭毛长、绒高而紧密，呈褐色，光泽好，皮板厚而粗，张幅较大。国际上以西伯利亚旱獭皮最为著名。图3-80中所示的旱獭皮大衣为女主人30年前的嫁妆，面料为黑色金丝绒，皮料用10条旱獭皮加黑色羔羊皮制作。皮衣已被虫蛀，尤其是领子处损毁严重。皮料拼接时先将领子皮裁好并拼接好，再从前片排起，注意左右片毛皮、毛色尽量对称，然后是后片，后片下部是10条旱獭的尾巴，中部是其余的旱獭皮，上部及袖子里是黑色羔羊皮，袖口是裁下来的碎皮，这些碎皮宽窄1~2指，按深浅颜色拼接成竖条纹。

女式旱獭皮斜对襟大衣尺寸表、实物图与结构图如表3-4、图3-80、图3-81所示。

图3-80　女式旱獭皮斜对襟大衣

表3-4　女式旱獭皮斜对襟大衣尺寸表　　　　　单位：cm

部位	领口围	肩宽	胸围	袖长	衣长	底边长
规格	64	43	99	68	113.5	135

毛领

113.5

43

5.5

49

45

后片

53

25

6.5

17

前片

41

68

袖子

袖口毛边

38

图3-81　女式旱獭皮斜对襟大衣结构图

六、男式羊皮斜对襟大衣

哈萨克族传统的皮大衣多为合领、斜对襟、袖长过指、长度过膝、后片开衩/不开衩、有扣。前襟为斜对襟是因为骑在马上大衣要盖过膝盖，袖长过指也是保暖的需要，宽大的大衣夜晚可盖在身上当作被褥（图3-82）。男式羊皮大衣的尺寸表与结构图如表3-5、图3-83所示。

图3-82　男式羊皮大衣

表3-5　男式羊皮大衣尺寸表　　　　　　　　　　　　单位：cm

部位	领口围	肩宽	胸围	袖长	衣长	底边长
规格	62	50	158	71	125	226

袖子

55

71

42

领子

12.5

23

68

4

11 7

125

86

后片

13

45

5

17

前片

70

图 3-83 男式羊皮大衣结构图

第四节　哈萨克族配饰

配饰指佩戴在人身上的装饰物（佩饰），如头饰、耳饰、颈饰、衣饰、臂饰等，也包括一些兼具装饰与实用双重功能的随身携带物，如马鞭等。

配饰作为装饰与衬托身体及服装的重要组成部分，在服饰文化中一向占有不可或缺的特殊地位。它是民族观念的物化，是实用与装饰、技术与艺术、物质与精神相结合的产物，也是意识物化在美的形式中的升华，包含精神和物质两个层面的一种文化现象。

哈萨克族民间配饰艺术是哈萨克族服饰的重要组成部分。由于新疆气候的特点及哈萨克民族的游牧生活方式，哈萨克族民间配饰从质地、造型乃至工艺等方面都突出了简洁、实用、美观的特点。

一、男子配饰

对游牧的哈萨克族男子来说，佩刀既是雄性的象征，也是服饰上传统的装饰品，更是生活中得心应手的工具。在他们的日常生活中，游牧时需要工具，宰杀牲畜、剥牲畜皮、吃手抓肉以及收拾鞍具等都需要用刀具。另外，新疆是瓜果之乡，吃瓜果也离不开刀，于是轻便锋利的小刀便成为他们的首选，在牧区，有的哈萨克族牧民不仅腰间佩带小刀，而且在马鞭子的把柄上还装有长柄刀，这都是根据生活需要而形成的习俗。

狼是新疆很多民族共同崇拜的图腾，如古代的突厥、乌孙、乌古斯、高车等民族，现代的哈萨克、维吾尔、蒙古、柯尔克孜等民族。《史记·大宛列传》称："昆莫生弃于野。乌嗛肉蜚其上，狼往乳之。单于怪以为神，而收长之。"《汉书·张骞传》也称："子昆莫新生，傅父布就翕侯抱亡置草中，为求食，还，见狼乳之，又乌衔肉翔其旁，以为神，遂持归匈奴，单于爱养之。"乌孙王昆莫新生落荒之际，将苍狼引出，使其"乳之"，因此哈萨克视狼为本民族的保护神而加以崇拜。至今哈萨克人不能骂狼，更不能指着狼骂。哈萨克语称狼为"卡斯克尔"意为"尊敬"，又有"崇拜"之意。此外，狼一词，在哈萨克语中为多义词，可与"勇士"并论。在他们的思想意识中，狼象征着团结合作、凶勇无畏、互助互利的精神，说明他们民族的始祖是英勇的战士。奉狼为祖，祈望像狼一样凶猛，也希望狼将他们视为子孙并加于保护。他们还认为狼的踝骨能治疗腰痛病，并可使人免遭他人的陷害。因此，至今包括哈萨克民族在内的新疆少数民族都认为佩戴兽骨、兽牙就能获得野兽的威猛、灵气与力量，因此哈萨克族男子有戴狼牙、狼髀石（狼后腿的踝骨）进行祈福辟邪的习俗（图3-84）。

图3-84 狼髀骨

男子腰束革带，是西域民族传统的习俗。这习俗流传久远，《梦溪笔谈》云："中国衣冠，自北齐以来，乃全用胡服。窄袖绯绿短衣，长靿靴，有蹀躞带，皆胡服也。窄袖利于驰射，短衣长靿，皆便于涉草……带衣所垂蹀躞，盖欲以佩带弓剑、帉帨、算囊、刀砺之类。自后虽去蹀躞，而犹存其环。环所以衔蹀躞，如马之秋根，即今之带铐也。"现代的哈萨克族牧民虽未佩蹀躞带，但与腰带系束也有某些联系。现今哈萨克族的腰带大多是用牛皮做的，亦有用彩色毛线编织的腰带，宽窄不等，腰带装饰精致，不仅在皮革上轧花，还用金、银饰片以及珊瑚、珍珠、宝石等装饰品镶饰成不同的纹样，束带不仅可调节外衣松紧、保暖，另外在放牧、外出办事时，也便于携带零星生活用具，如左侧悬挂存放杂物的皮囊（克斯叶）、存放火药或子弹的弹夹（奥克山太），右侧佩带小刀的刀鞘（肯尼）等，方便随时取用。

年轻的哈萨克族小伙子扎上镶饰有金银珠宝的腰带，闪亮夺目，再佩上精致的小刀，刀鞘上镶饰精美宝石，穿上坎肩，登上高靿靴子，显得干练潇洒、彪悍威武。在革带上附饰若干小环扣，叮当作响，饶有风趣（图3-85）。

（a）雕花金马鞭（新疆维吾尔自治区博物馆藏）

（b）男子绣花镶银皮腰包（新疆维吾尔自治区博物馆藏）

图3-85

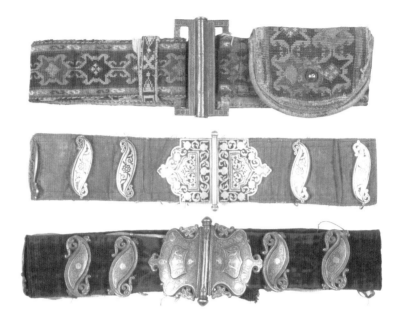

（c）男子腰带（新疆维吾尔自治区博物馆藏）

（d）腰刀、打火石（新疆维吾尔自治区博物馆藏）

图3-85　男子配饰

扎腰带还有精神上的寓意，哈萨克人认为扎腰带具有生命力和神圣的力量。

二、女子配饰

配饰是人类文明的真实写照，是人类向往美好生活的一种标志。哈萨克族女子的传统配饰从佩戴部位看，基本可划分为头饰、耳饰、颈饰、胸饰、辫饰、臂饰、帽饰等，常常配套使用。另外，也包括一些兼具装饰与实用双重功能的随身携带物，如马鞭、马具等。

按制作配饰的主要材料可分为金饰品、银饰品以及宝石、玛瑙、珍珠等。

　　金饰品一般用于制作比较小巧精致、用料较少的耳环、项链与手链。但过去哈萨克族妇女更喜欢佩戴多串堆砌式的组合饰品，由于用料较多，考虑经济因素及饰品的重量问题，传统的哈萨克族妇女的饰品以银饰品为主，图3-86~图3-91所示为新疆维吾尔自治区博物馆馆藏的哈萨克族妇女的各式银饰品。

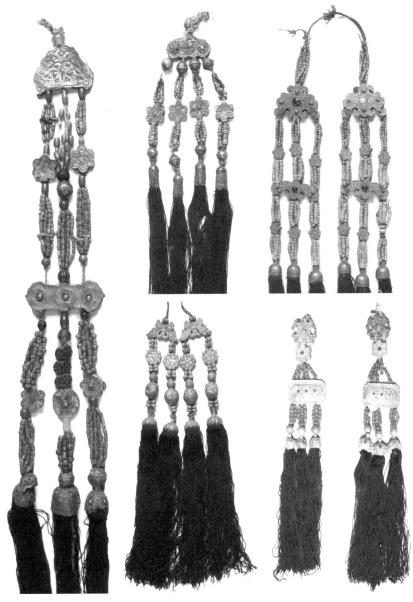

图3-86

图3-86　哈萨克族银辫饰（新疆维吾尔自治区博物馆藏）

图 3-87　哈萨克族银帽饰（新疆维吾尔自治区博物馆藏）

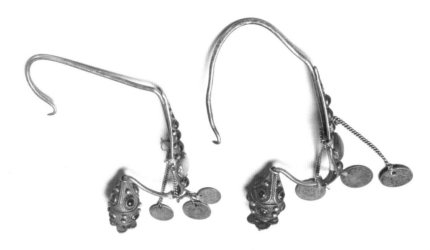

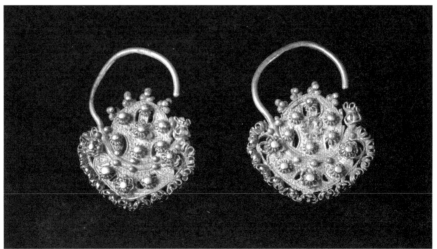

图3-88 哈萨克族银耳饰（新疆维吾尔自治区博物馆藏）

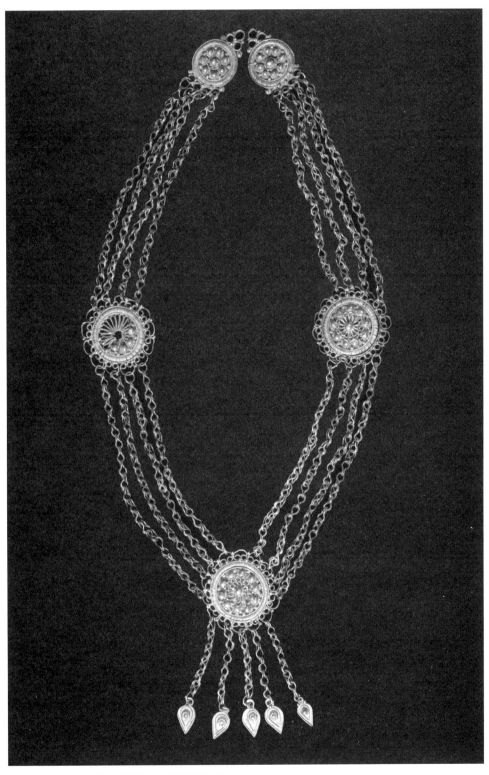

图 3-89　哈萨克族银项链（新疆维吾尔自治区博物馆藏）

图 3-90　哈萨克族银胸饰（新疆维吾尔自治区博物馆藏）

图3-91　哈萨克族其他银饰（新疆维吾尔自治区博物馆藏）

三、马鞭

马鞭，哈萨克语称为"喀姆齐"，是哈萨克族牧民形影不离的、无论走到哪里都要带上的物品。他们除了骑马用马鞭之外，遇到黄羊、野兔等动物，还可用鞭子击中其要害而捕到猎物；遇到狼、熊等野兽时，还可以扬鞭抵御。马鞭在游牧族群中具有特殊的象征意义，它不仅是一个实用工具，也代表着一片牧场、一群骏马、一位牧人……甚至通过一根马鞭就能够辨认出马鞭的主人、血缘家族以及部落族群。

由于马鞭的用途很多，所以马鞭的种类和形状也多。在哈萨克族的每个部落中几乎都有制作马鞭的匠人，而每个部落所制作的马鞭也不尽相同。马鞭的制作工艺十分讲究，既要保证结实、耐用，又要美观、新颖。其原料主要是牛、马、驼、羊的皮。除此之外，还要用金、银、铜、铁等金属来装饰。所以，一根好的马鞭，既是一件得心应手的工具，也是一件精湛的工艺品。每根马鞭所编的鞭穗花纹都不一样，结穗的方法也不太相同，讲究的马鞭从把柄到鞭全部是用一块牛皮编成，既柔软又结实，可以放在口袋里或插在靴筒里。有的马鞭用红柳、牛羊角制作把柄，上面镶嵌金、银、铜、铁材质的金属条，组成图案，既精美又华丽；有的马鞭把柄中间装有铁棍，鞭把柄和鞭子的接头处还有一串串铁环，显得十分别致；有的马鞭把柄里还藏有一把刀，刀柄也就是马鞭的把柄，而把柄上雕有花纹，并镶嵌有金属和彩色有机玻璃的装饰品，这种刀鞭合一的马鞭则显得更为珍贵。

马鞭尽管对牧民来说十分重要，但它是绝对不允许带入别人的毡房，特别是老年人的毡房。所以牧民在进入他人的毡房前，都要将马鞭放在门外，然后再进屋，这样做是表示礼貌和对主人的尊重。

第五节　哈萨克族鞋靴袜

鞋、靴、袜，被称为人类的足衣，《逸雅》云："履礼也，饰足所以为之。"它的产生与发展同服装文化的产生和发展一样，也是与其特定的地理历史文化有关。在气候温暖的地方，在暖季里人们完全可以打赤脚，这样就可以节省鞋袜；而新疆因寒季漫长，又因荆棘丛生、砂石遍地，很不利于打赤脚，加上宗教的影响，新疆地区少数民族没有打赤脚的习惯。皮靴、皮鞋、套鞋、皮窝窝、毡筒、布鞋和毡袜、长筒毛线袜、鞋垫以及最原始的"裹脚布"都是包括哈萨克民族在内的新疆各民族人民日常的足衣。

一、鞋与靴

① 皮靴

新疆先民由于经历过长期的狩猎、游牧生活，为了适应这种生活养成了穿皮靴的习俗，这种装束至今仍被新疆各民族所喜爱。在新疆，不分男女老少，均有穿皮靴的习惯。《隋书·礼仪志七》曰："靴，胡履也。"西域各民族穿皮靴既是为了适应新疆寒冷的气候，也是为骑马放牧便利而创造的一种鞋履。

大量出土于新疆小河墓地的皮靴展现了4000年前新疆古民族的智慧。这些皮靴做工精巧，一般由三块皮子缝成，靴底一块，靴筒及脚面两块皮子，已脱离了用整块兽皮裹在脚上的原始鞋的状态，说明当时的西域民族已经懂得区分靴帮和靴底了。在新疆哈密市五堡乡、南疆洛浦县山普拉等古墓中考古工作者也挖掘出汉代的靴子，说明皮靴在西域的流行。

新疆叶城县出土的距今约3000年的乔鲁克靴是人类早期的皮靴，是现代靴子的鼻祖。"乔鲁克"是突厥语，说明很早以前，乔鲁克已经在西域各国及各民族中流行。11世纪著名学者马赫穆德·喀什噶里在《突厥语大词典》中，对乔鲁克靴有记载，并注释为"使用皮子制作的靴子"。至今，新疆的哈萨克、柯尔克孜、塔吉克、维吾尔等民族仍将传统手工制作的皮靴叫乔鲁克，并在山区仍有穿乔鲁克靴的牧民。

哈萨克人将皮靴称为"耶特克"，用牲畜皮制作，多种多样，按材料分为牛皮、马皮、驴皮、黄羊皮、绵羊皮靴等；按靴底材料的软硬分为软底靴和硬底靴两大类；按靴筒高低分为长筒靴、中筒靴与矮筒靴；按靴底的形式分为直底靴与弓底靴；按靴头形状分为尖翘头靴、圆头靴与大头靴；按靴跟分为无跟、平跟与高跟靴；按靴上的装饰分为绣花靴、不绣花靴、铜钉装饰靴等；按靴筒是否开口分为开筒与不开筒靴；另外还有毡筒皮靴、翻新靴等。

软靴（买斯）：用熟透的软牛皮或羊皮制作（图3-92），无跟靴，没有另加的后跟，功能有点像皮袜子，需与套鞋（卡列西）搭配穿着。套鞋在过去是使用不太好的闲置皮子做成，现在都用可以直接购买到的橡胶鞋。

一般皮靴多由靴面、靴帮、靴筒、靴底与靴跟组成。靴面、靴帮、靴筒用熟皮子制作而成，用筋线缝合，靴底用半熟皮或生皮制作而成，将缝好的靴面、靴

图3-92　各种软靴

帮放在楦头上，用木钉把皮边内扣，固定在桦木楦上定型，鞋跟用铁钉来固定。

尖头平跟靴（琼海玛靴）：头尖、跟矮、靴筒到膝盖以下的靴子。

平跟靴（加依塔班靴）：靴头向上凸起缝制的，靴跟平矮、靴筒中等高度的靴子，在农牧区这种靴外要套穿皮套鞋。

大头靴（巴哈巴斯靴）：宽头、平底，靴跟中等，靴筒至小腿肚。

翻新靴（乌勒塔尔玛靴）：靴底、靴头置换，靴筒翻新的靴子。

长筒靴（沙甫塔玛靴）：靴子肥大，而靴筒较长，靴筒盖着膝盖的靴子。靴筒的膝盖处后面呈半圆形或者靴筒前面长、后面略短，不影响膝盖的伸弯。长筒靴内要穿毡袜、薄皮套鞋。

弓底靴（克依斯克塔班靴）：这是17~18世纪后受外来文化影响的一种中筒靴子，靴底设计成弓形，并加钢板，这种设计更符合人体工学。

平跟翘头靴（开海玛靴）：此靴头尖而翘、平跟、筒勒至腿肚的中筒靴。这种靴子用各种皮革缝制，筒勒有绣花和无绣花。

毡筒皮靴（库拉马耶特克）：靴筒用毛毡，靴头、靴跟、靴底用牛皮（图3-93）。

男子靴通常缝制为宽头平底、靴筒中等、带中等靴跟的靴子。男子有时也穿尖头平跟靴，部分靴筒上绣有花纹图案。

女子靴与男子靴稍有不同。女子皮靴有蓝皮靴、平跟翘头靴、高跟靴、银饰靴等，以平跟翘头靴为多。

图3-93 哈萨克族毡筒皮靴（新疆维吾尔自治区博物馆藏）

女子皮靴虽然与男子皮靴相似，但做工更考究，缝制精美大方（图3-94、图3-95）。

❷ 套鞋

穿套鞋是一种良好的卫生习惯，无论进清真寺还是别人家里，如果进屋前把套鞋脱在门外，就不至于把泥土带进屋里，这样客人放心进屋，主人也高兴。特别是新疆少数民族家里有请客人上炕坐的习惯，而家里多铺有地毯和花毡，如果不脱鞋进屋，会把家里弄脏，若脱鞋则既不文明又麻烦，有了套鞋，这个难题便会迎刃而解（图3-96）。

图3-94　哈萨克族女子绣花靴（新疆维吾尔自治区博物馆藏）　　图3-95　舞蹈靴

图3-96　套鞋

❸ 皮鞋

在服装史上有这样一种说法："汉人穿鞋，胡人穿靴，自古如此"，但事实上由于文化的交流，从来就没有绝对的事，制鞋也是新疆各民族共同的爱好。只不过，由于不同民族生活方式的差异，制鞋所用的原料也有所差异。

新疆的先民穿着皮鞋有悠久的历史，在南疆洛浦县山普拉汉代古墓中出土的儿童皮鞋工艺精细，制作方法与今天的系带皮鞋惊人地相似。

哈萨克人称高帮皮鞋为巴金格尔鞋或巴滕克鞋，是一种鞋筒至脚踝骨的皮鞋，通常为在家或不骑马远行时穿的便鞋。它是用牛羊马等牲畜皮缝制而成，分开筒和包筒两大类，开筒鞋要系鞋带或安装拉链。

哈萨克人称一脚蹬皮鞋为"克比斯"，有男女之分，男式为平底，女式则带跟的多一些。过去这类鞋子是有钱人作为软底皮靴的套鞋穿着的；现在样式、作用等同于我们普通的夏季皮鞋。

图3-97所示为战国皮鞋，新疆且末扎滚鲁克古墓出土，巴音郭楞蒙古自治州博

物馆馆藏文物。鞋底长25厘米，高8厘米，是用两块皮子缝合而成，鞋底与鞋帮用一块皮子，脚背用另外一块皮子，脚前部分在与脚背处缝合时打褶，以形成鞋型。

图3-98所示为汉代儿童皮鞋，新疆和田地区洛浦县山普拉古墓出土。

图3-97　皮鞋（战国）　　　　　　　　　　　图3-98　儿童皮鞋（汉代）

❹ 皮窝窝

皮窝窝哈萨克语称为"恰海"，多用牛、马、羊等牲畜的头皮和腿皮制作。皮窝窝的皮毛要朝内，量脚裁剪，鞋边穿孔系带，绑在脚上穿用。冬天，小孩光脚穿长毛袜，在皮窝窝底上铺垫鞋垫后，然后绑在脚上穿用。皮窝窝轻便，穿上它可在冰天雪地里行走，防水防寒，是哈萨克人生活中常用的简易鞋子（图3-99）。

皮窝窝是一种最简单、最原始的皮鞋，如同今天的鞋套。皮窝窝的制作方法非常简单，甚至连几岁的小孩也会制作：首先，选一块比较厚实的牲畜皮，如牛皮、马皮、骆驼皮、驴皮、羊皮等都可以。皮子新鲜为好，如果皮子已风干，用水泡软也可以制作。其次，是量脚裁皮。所量尺寸必须比穿着者的脚掌四周长出若干厘米，以备晾干后收缩。再次，钻眼打孔。在裁好的皮张边缘钻上相等的若干个小孔即可，小孔并不一定要求圆润，也可以用匕首尖儿刺一个1厘米的小口。最后，穿绳和捆绑定型。用牛筋或毛线绳作为系带沿着边孔依次穿过去，绑在比自己脚大的木脚模上，让它自然风干，鞋子就做好

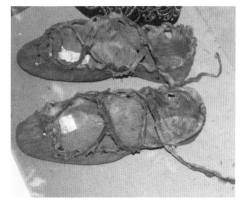

图3-99　皮窝窝（伊犁师范大学博物馆藏）

了。或直接绑在自己脚下，在绑时注意在脚下垫一块比较厚的硬一点的垫子，或者多穿几双厚袜子（此举是为防皮子干燥后收缩夹脚）。

皮窝窝制作虽然简单，但也有诀窍，一是一定要考虑皮子干燥后的收缩量；二是皮料的选择有讲究，其中，上好的皮窝窝是选用刚出生的小羊头皮，将其刚刚长出的犄角作为鞋后跟制作，这种皮窝窝穿在脚上格外舒服。

二、毡靴与毡袜

毡靴，哈萨克语称为"木伊克"或"皮玛"，是用粗羊毛擀制的很厚的高筒靴，因靴筒外形像个圆筒，故也叫毡筒（图3-100）。

毡袜，哈萨克语称为"克依孜巴帕克"。毡袜用薄毡子根据脚的尺寸裁剪，或是用细羊毛和模具擀制的薄毡靴，外形与毡筒类似，只是帮和足底都很薄，穿着时需要加一双套鞋，功能类似袜子，故而叫作毡袜（图3-101）。

图3-100　哈萨克族毡筒　　　　图3-101　皮窝窝与毡袜

毡筒是用模具——楦子擀制的。据老毡匠讲，模具分楦子和楦套。先将毛絮均匀摊在楦子上，擀结实后，套上楦套定型完成。由于是一次性擀制成的，所以结构严密，不透风、不漏气，防水性也较好。毡靴尺码一般比脚大许多，这是因为长筒毡靴的筒和足部都很坚硬、呆板，易磨破脚跟和脚面的皮肉，所以一般配合厚毛袜或裹脚布一起穿着，这样一来可以防止磨破脚，二来也可以增加保暖性，以抵御新疆北疆地区冬季-50~-30℃的严寒。

三、毛线袜与裹脚布

毛线袜，哈萨克语称为"曙勒克"，羊毛纺成纱线后，用棒针编织而成。

裹脚布，哈萨克语称为"曙勒郝"，其作用相当于厚的毛线袜子。

鞋垫，鞋子底部铺的铺垫物，可用毡或布料制作。鞋垫可防寒，可保养鞋底，可防潮。从很早起，哈萨克民族就开始使用鞋垫。

过去在寒冷的冬天，哈萨克人喜欢脚上先穿上袜子，再缠上裹脚布，铺上鞋垫后，才穿鞋靴。在更早的年代，袜子是稀罕物，因此只缠裹脚布；在特别冷时，还可先缠裹脚布后穿袜子。

用棒针手织的长、短筒毛线袜是过去百姓家中最常用的足衣。裹脚布在50~60年前的农牧区普遍使用。将自家羊毛或驼毛洗净后，手工捻成毛线，织成宽15~20厘米厚实的粗毛布带，布带的长度没有固定的标准，织完后可根据需要剪开使用。用时，往脚上层层缠裹至密不透风，缠好后的裹脚布重1000~2000克，实则也是一种缠脚的毛布袜，只是超过一般袜子的厚度。它虽笨拙，在大雪封山的季节里，却是非常实用的。缠上裹脚布，再套上皮靴、毡筒或配皮窝窝，就可以度过北疆漫长、寒冷的冬季。

毡靴、毡袜、皮窝窝和毛线袜、裹脚布都是带有原始色彩的"足衣"（图3-102、图3-103），是游牧民族御寒的装备，它凝聚着游牧民族的智慧与才能，尽管粗陋、简单，但在经济不发达的过去，因其制作原料充分、工艺简单、保暖性好而受到青睐。普通人家无论大人、小孩，还是男人、女人，人人都具备。作为历史的旧物，它们的实用价值并不低于现代的鞋靴袜。

 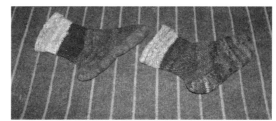

图3-102 毡靴（锯去毡筒部分）　　　　图3-103 毛线袜（原毛手工捻线，棒针编织）

第四章
哈萨克族刺绣

哈萨克族刺绣作品包含了鲜明的民族风格和优秀的艺术传统，其花纹图样具有清晰的民族文化特征并且反映了民族的风俗习惯。刺绣作为一种民族的文化现象，与其当地民族崇尚美、追求美的性格是分不开的，也与这些民族在漫长的历史发展过程中形成的种种风俗礼仪有着密切的关系，从一个侧面体现着每个民族特有的精神气质和审美意识。

第一节　哈萨克族刺绣的历史及渊源

刺绣作为人们表达生活感悟的一种特殊记载方式，经历了数千年的漫长岁月，是中华民族工艺美术综合发展的结晶。据《尚书》记载，4000多年前的章服制度就规定了"衣画而裳绣"；在《周礼·考工记》中记载："五彩备，谓之绣"；另外，《诗经》中也有"素衣朱绣"的描绘。但由于保存问题，现今发现的传世绣品很少。新疆由于干燥的气候条件，保留了大量的纺织品，也用实物记载了新疆先民的刺绣历史。

一、新疆刺绣的历史及渊源

中国的刺绣，早在公元5世纪前，已由"丝绸之路"传入亚欧诸国。新疆作为"丝绸之路"的重要通道自然而然地受到其熏陶。古籍《汉书·西域传》中记载着西域地方织绣的娴熟技艺，书中记有："其民巧，雕文刻镂，治宫室，织罽，刺文绣"；《宋史·高昌传》中也载有："乐多琵琶、箜篌，出貂鼠、白氎、绣文花蕊布。"

1978年新疆哈密市五堡墓葬出土的3000年前的红地刺绣黄蓝色三角纹褐，是墓中女子身穿的长衣残片，残长47厘米、残宽50厘米，虽然较残破，但色泽鲜丽，为红色平纹毛织物，以相同的经纬密度织成，为15根/厘米，"Z"向加捻。在红色褐地上用白、黄、蓝、粉绿四色合股的毛线，分别以平针绲绣出小三角堆砌的几何形图案，精湛的刺绣工艺传达出古人对美的追求。这是我们目前能看到的传世最早的刺绣作品（图4-1）。

1972年新疆吐鲁番市阿斯塔那117号古墓出土了南北朝葡萄瑞兽刺绣残片，残片长19厘米、宽12.3厘米，保存了一些不完整的图案。织物为浅黄色平纹绢地，用蓝、棕、红、原白和紫色等丝线绣出葡萄及藤蔓、茱萸、祥禽、瑞兽等纹样。刺绣技法以锁线绣为主，间或有平针绣。纹样繁复，禽兽颇具动感（图4-2）。

1984年新疆和田地区洛浦县山普拉汉代古墓群1号墓出土了大量刺绣裙毛绦，是在大红毛织品上以黑黄两色绣线、用锁线绣针法（辫绣）绣出的四叶纹、十字草叶纹、四羊纹等刺绣裙毛绦，色彩庄重富丽。图4-3中为红地四羊刺绣裙毛绦，长15厘米、宽7.5厘米，为斜编组织，所用纱线为双合股线，编织时左右两组纱线呈45°交叉，形成斜纹。用黑色线以锁线绣针法绣菱形图案，图案中填饰四羊纹样。绣件图案简朴，色彩鲜艳。

新疆伊犁昭苏县波马古墓出土了公元5~6世纪的缀金珠绣织物残片，这是由两件纹样不同且工艺相同的绮、绢缝接在一起的织物，用黄色丝线以锁线绣针法绣出忍冬叶纹样，将珍珠连接盘缀在花纹上，再由金珠组成圆形联珠纹，四方连续纹饰形成圆形与

图4-1　红地刺绣黄蓝色三角纹褐（平针绣）
（西周，新疆文物考古研究所藏）

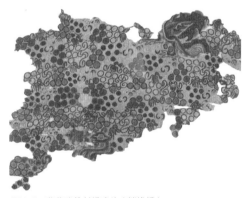

图4-2　葡萄瑞兽刺绣残片（锁线绣）
（南北朝，新疆维吾尔自治区博物馆藏）

图4-3　红地四羊刺绣裙毛绦（锁线绣）
（汉代，新疆维吾尔自治区博物馆藏）

菱形图案。这种缀外缝绣植物纹样和当时的波斯风格很相适应。

1996年新疆且末扎滚鲁克49号古墓出土的战国时期的绿色绢刺绣花鸟纹残片（图4-4），残片长38厘米、宽32厘米。其上用锁线绣的方式在绿绢绣料上用黄、赭红色丝线绣出连体双头的共鸣鸟、云纹、花蕾和叶瓣等纹样。连体鸟对目相视，用赭红三角纹饰和黄色菱形纹勾出轮廓和羽毛纹样，风格华丽、繁复，用色鲜明，浓艳如生。鸟的四周用花草、云纹等填饰，纹样变化十分多样，流畅的线条极富浓厚的装饰性，具有高超的艺术想象力和熟练的技巧。此绣品原是鸡鸣枕的局部，即所谓的长寿绣。

以上说明，刺绣在新疆具有悠久的历史，新疆刺绣是丝绸之路东西方文化相互交流的结果，哈萨克族刺绣是其传承与发展。

图4-4　绿色绢刺绣花鸟纹残片（锁线绣）（战国，新疆维吾尔自治区博物馆藏）

二、哈萨克族柯赛绣

谈到哈萨克族刺绣不能不提到"柯赛部落"（隶属于中玉兹的乃蛮部）的女首领柯赛·阿娜。据说生于16世纪末的柯赛·阿娜文武双全，战时能上马领兵打仗，闲时能刺绣。柯赛·阿娜的刺绣图案灵感来源于大草原，草原上的各种花草鸟兽随手拈来皆能入画入绣。她设计的图案层次分明，颜色鲜艳。她发明了多种绣法，其刺绣制作技术独具特色，别具一格，具有浓郁的地方民族特色。人们为了纪念她的贡献，便将其刺绣命名为"柯赛绣"。

柯赛绣，包括锁线绣（钩绣）、十字绣、平针绣、珠片绣、补花绣等多种绣法（图4-5）。柯赛绣图纹主要取材于各种动物、花果以及吉祥喜庆的图案。创作的各种图案色彩艳丽、线条流畅、人物活灵活现，做工精美绝伦，具有很高的艺术观赏价值和收藏价值。一般绣在白布、平绒、金丝绒、条绒、毡子等上。绣品主要用于男女老幼服装、花帽、家居饰品、各类小纪念品等，也可用于哈萨克族毡房装饰。

图4-5　巴合夏古丽·胡安提供的柯赛绣

第二节　哈萨克族刺绣常用针法

刺绣在古代文献中称为"针黹"（黹即指缝纫、刺绣）。绣就是在织物上按设计的图案穿刺，通过运针将线条织成带有色彩的图案，由针、线、色、纹四个基本要素构成。刺绣起源于先民缝衣、结网和编织的骨针、竹针及铜针的沿用，绣纹则受到彩陶和编织物上的弧圈、结点、线条、连栅纹的启迪。

根据古籍记载与出土文物互为印证，刺绣源于两种基本针法：锁链绣针法与齐平绣针法，而后的缎纹针、戗针、掺针、刻鳞针、旋针等数十种变化针法，均是其传统技艺的创新硕果。目前刺绣的针法很多，我国民间刺绣针法多达两百多种，不同的针法表现出不同的艺术效果。哈萨克民族的刺绣中常用的有锁线绣、十字绣、平针绣、补花绣、绒绣、珠片绣及镶嵌绣等多种绣法。

一、锁线绣

锁线绣，又名锥针绣、钩绣、套针绣、连环绣、辫针绣和辫子股绣等，是将面料绷在设计好形状的绷架上，用带钩的锥针或钩针从面料的正反面来回刺绣形成绣品（图4-6）。

锁线绣是由绣线环圈锁套而成，是我国刺绣针法中最古老的一种针法，古代刺绣都用这种针法。纵观新疆出土的刺绣品，从汉晋到隋唐，绝大多数都为锁线绣。锁线绣既可以用缝针绣，也可以用带钩的锥针或钩针绣，这是一种绣者容易掌握（只要针脚长短、弧度均匀即可），图案朴实、耐磨且具有实用价值的绣法，在哈萨克民族中被广泛应用。

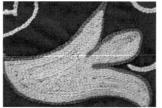

图4-6　锁线绣

二、十字绣

十字绣，指采用专用的绣线和十字格布进行刺绣，绣法纹饰缜密精细（图4-7）。

十字绣，也称挑花绣，是民间广泛流行的绣种。它以十字形针法显示纹样和分布色彩，即在布料上依经、纬线下针，用细密的小十字"挑"织成花纹。十字绣的绣法受到井、米、田字格的制约，只能在方格内按纹饰所需色线绣花。"十"字形有大有小，依据棉麻布的经纬纱数，一般每个十字针有六纱、五纱和四纱等区别。在设计稿上，以每英寸（2.54厘米）十格者为六纱、十二格者为五纱、十六格者为四纱。每一格即代表一个十字针，由许多十字针绣成花纹。绣工根据纸样格子的大小，在底布的经纬线上数纱，进行挑绣。十字绣图案正面呈斜十字形，由许多斜十字组成，背面是竖排短直线，正反面都很规整。在民间这种绣法很能体现刺绣者的工夫，十字绣能整齐绣成，其他针法就相对容易掌握了。

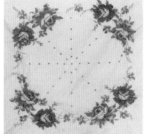

图4-7　十字绣

三、平针绣

平针绣，又称齐针绣，是用针引线在图案花纹的外缘起落针，按纹样的距离宽窄与纹饰结构将丝线平行地绣在图纹面上，针脚整齐，线条均匀，不露底、不重叠（图4-8）。目前国内发现时代最早的平针绣品是1978年新疆哈密市五堡墓葬出土的西周时期的红地刺绣黄蓝色三角纹褐。

平针绣是最普通的一种刺绣方法，也是民间应用最广的一种绣法，绣面平整。如花瓣上的色调有深有浅，便选择深浅不同的色线，采用戗针、平套、散套等针法，绣出晕色效果。平针绣讲究要有浮雕效果，同时绣品侧面受光后有光泽闪烁，呈富丽堂皇之感。

图4-8　平针绣

四、补花绣

补花绣，也称拼贴布绣、贴花绣、剪彩绣、堆绫或布贴（图4-9）。补花绣是用各种颜色的布料剪成花样，堆叠粘贴成图案，在图案边缘用绣线钉牢，有的还辅助以刺绣，如利用剪裁衣服剩下的边角布料堆贴成小孩的围嘴、枕头、背心、书包等用品。把无用的碎布变成美观实用的工艺品，体现了劳动人民勤劳朴实的品质，这是广大农村妇女常用的绣法。哈萨克族与柯尔克孜族的补花毡就是这类针法的杰出代表。在每个单元的中心拼贴大块方形或菱形布料，在其中绣出单独纹样的纹饰，色彩对比强烈、质朴大方，非常富有装饰意境，具有鲜明的民族风格。

图4-9 补花绣

五、绒绣

绒绣，也称绒线绣、植绒绣、踩针绣，它使用管针进行刺绣。20世纪60~80年代，新疆民间老百姓采用大号注射器经过简单的改装——在注射器针头上打出一个针眼，即制成植绒使用的管针。刺绣时将线从注射器的上端穿入至针头针眼，通过在布面上下均匀地运针（踩针）得到各种图案，绣完整个纹饰，将底面翻转过来作为正面，把密集的环状线圈用剪刀从顶端剪断，并修整平顺，绒面厚实、富有弹力的植绒绣品就完成了。当然，也可以按照使用者的爱好不进行剪绒处理。绒绣工艺的好坏主要取决于绣花人运针的力度与速度的均匀度。其绣品工艺简单，外观呈现立体效果，但由于绣花线单面用线，没有底线，容易脱线或钩线，所以适用于不经常摩擦、钩挂的帷帘、盖单、枕套等摆挂物品（图4-10）。

图4-10 绒绣

六、珠片绣

珠片绣，也称珠子绣，是将各式各样的珠子用线串连在一起，先按纹样缝扎或钉在面料上形成纹饰，再在纹饰的空间、边缘按需要将各色亮片、珠子缝扎或钉在面料上，与纹饰共同组成所需纹样，其效果如同浮雕，光耀闪烁（图4-11）。

图4-11　珠片绣

七、镶嵌绣

镶嵌绣，又称镶拼绣、嵌花绣，即把要绣的面料剪成各种纹样，然后染色、缝绣拼接、缀连成体。哈萨克族的镶嵌绣主要用在花毡的制作上（图4-12）。

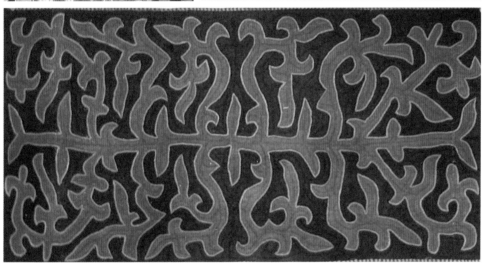

图4-12　镶嵌绣

八、其他

其他还有格锦绣（架花绣）、皱绣（绉绣、浮雕绣）、盘金绣、缠针绣、镂空绣（抠花绣）等绣法，这些绣法也常用于哈萨克族的刺绣中（图4-13）。

格锦绣，是用横线、竖线或斜线搭成均匀的几何形基本格，然后在基本格上运用不同的色彩连续相压，格出花纹，再在最后的每一交叉点上压一短针以免凸起。

皱绣，是将八股或十二股丝线先编成辫子，然后按图案底纹盘叠钉牢，富于浮雕感。一般在绸缎上面用皱绣，以形成特别的艺术效果。

盘金绣，是用金线合股盘起来表现花纹的，制作时要边盘边钉，一定要把金线钉牢。盘金绣也用于沿边。在盘金绣中金银线一般为中间色，在纹饰的中间有的还要布局缝扎一些珠子和金属片等。

图4-13 各式绣品

　　缠针绣，以马尾作芯线，选用各色丝线在马尾上一圈圈缠紧，然后按画稿盘绣。

　　镂空绣，先在面料上画出图案纹样，再用平针绣锁其边缘，锁边完毕后将纹饰中需要镂空的地方用剪刀剪出。如果是大面积镂空，可用锁线绣的方法在中间拉网，形成网结，使纹饰与面料、花纹之间有机地网结起来，以达到前后相随、虚实相生的效果。镂空绣以白底为多，纹饰对称、规矩、连续，效果清雅淡素。

第三节　哈萨克族刺绣特点与毡房绣品欣赏

一、哈萨克族刺绣特点

刺绣是哈萨克人十分普遍的传统技艺，女子从小就要学习刺绣。在哈萨克人的生活中，从帽子到衣服、从布袋到壁毯、从枕头到被单墙帷、从被褥到马具彩带，无不留下哈萨克妇女用五颜六色的丝线和毛线，精心刺绣的各种花纹图案，充满了她们对美好生活的热爱和追求，彰显着瑰丽多彩的艺术魅力。走进哈萨克人的毡房，四周是壁毯，地上是花毡，各种幔帐都是刺绣艺术品，就连煤炉在夏季不用时也用绣品盖住，使人仿佛置身于艺术殿堂。

❶ 制作手法原生自然

传统的哈萨克族刺绣制作手法原生自然，先是在牛奶里加盐调和成汁，在准备好的白色棉布或红、紫、黑三种颜色的绒布衬底上，用尖木椎当笔，用牛奶加盐调制的涂料，勾画出飞禽走兽、草木花卉、抽象纹饰设计成的各种图案；然后在阳光下将布料晒干，用羊毛线、骆驼毛线或棉线绷平在红柳枝圈成的绷框上，用刺绣针穿上各色细毛线，一针一针地在布面上沿着画好的图案去刺绣。

❷ 色彩艳丽和谐

哈萨克族刺绣的色彩是原生态的，究其原因是其采用大自然的生态颜料将各种绣线染色，然后用各色彩线去刺绣。以红、蓝、白、黑为底色，衬得红的更红、蓝的更蓝，其鲜艳逼真、秀丽精细，又不失原始草原的风格。哈萨克族刺绣通常是大红大紫，浓墨重彩，营造出喜庆吉祥的氛围。

❸ 民族特色鲜明

哈萨克族刺绣的民族特色鲜明，其不刻意追求写实而追求对美的幻想和夸张的表达，无论是图纹还是配色都具有浓郁的民族特色并反映着他们的风俗习惯。哈萨克族刺绣构图严谨，往往运用连环对称的手法，清新而不繁复，活泼而不落俗套。绣法没有固定模式，简单大方，和哈萨克族牧民的那种与大自然亲近的生活习俗一致，表现了哈萨克族牧民健康朴素、积极向上的风格。各种图案想象力丰富而奇特，题材多种多样，色泽绚丽，对比强烈，线条流畅，人物活灵活现，做工精美绝伦，是哈萨克族精美的工艺品。

二、哈萨克族毡房绣品欣赏

素以勤劳质朴著称的哈萨克族妇女，自古擅长刺绣艺术，并将其用于家庭生活的方方面面。走进哈萨克人的毡房，仿佛置身于一个五彩缤纷的绣品世界，毡房内从帷幔、被褥、花毡，到枕头、靠垫、民族服装、提包、手绢、荷包，还有饰巾，以及用于连接各栏杆的彩带和马具，处处都能见到主妇用心绣制的精美绝伦的图案，使人赏心悦目。

哈萨克族的绣品配色多采用强烈的对比色，浓艳而不落俗套，刺绣图案五花八门，有几何、花木、飞禽走兽以及大自然中的各种景物等图案，古朴典雅、华丽炫目、结构紧凑。绣品从题材、内容到色彩都与牧民的生活息息相关，集中反映出哈萨克族人民善良、勤劳、健康、愉快的思想感情及朴实的审美观。

❶ 帷幔

帷幔，哈萨克语称"吐斯克依戈兹"（图4-14），一般挂在正对毡房门的内壁上。客人进入毡房首先映入眼帘的就是帷幔，所以哈萨克族妇女特别注重帷幔，以图案设计精美、色泽醒目协调为荣。

图4-14　帷幔

　　帷幔高1.5~2米、宽1.8~2.5米，与毡房的栅栏同高或略高于栅栏，帷幔的上方、左右三面有边饰，下面部分要压在花毡下面，以保持毡房整体美观以及具备更好的防风效果。依主人的习惯一般毡房里会挂1~3条帷幔，现代大型钢结构毡房会依毡房大小挂4~6条，或是挂有民族特色图案的印花帷幔。

　　图4-15所示皮帷幔为19世纪末至20世纪初，伊犁州博物馆存，该皮帷幔尺寸巨大，占据展厅的一整面墙，该绣花皮帷幔图案分四部分：中间橘红色是黄羊皮（学

名普氏原羚，现为国家一级保护动物）材料，上面刺绣大朵花纹及边饰；帷幔主体
是黑色的黄牛皮，采用压印技术形成浮雕式图案，同时用银花钉装饰；边饰材料是
厚实的毛织物，上面用锁线绣方式刺绣图案，最外层边是黑色的黄牛皮，不绣花。

图4-15　绣花皮帷幔

❷ 床上用品

无论是枕头、被褥，还是靠垫、坐垫，所有的床上用品哈萨克族妇女都要绣上
丰富多彩或古拙或典雅的图案，精心刺绣的各种绣品，结构紧凑的花纹图案，彰显
着瑰丽多彩的艺术魅力，充满了她们对美好生活的热爱和追求（图4-16）。

图4-16 床上用品

③ 其他

其他还有杂物袋、荷包、礼巾及各种绑带，为配合旅游创作的微缩版帷幔、花毡，以及新近开发的具有哈萨克族文化特色的小挂件等饰品。

哈萨克族刺绣是中国艺术宝库中耀眼的明珠之一，传承着先祖们留下的织绣文化传统，是世世代代相传的珍贵宝藏，是崇高的文化艺术。哈萨克族刺绣作为该民族的一种文化现象，与其崇尚美、追求美的性格是分不开的，也与他们在漫长的历史发展过程中形成的种种风俗礼仪有着密切的关系，从一个侧面体现着这个民族特有的民族精神和审美意识（图4-17）。

图4-17

图4-17

图4-17　其他绣品

第五章

哈萨克族毛制品

哈萨克族的毛制品，主要包括毡、毛织土布。

毡，哈萨克语称"克依兹"，是一种古老的非织造材料，它具有保暖隔潮、结实耐用等优点。毡有素毡与花毡之分。素毡即一色毡，以白毡为主。其制品有毡房、毡帽、毡袜、毡靴等。而花毡用绣、补、印、擀和嵌的方法制作，具有剪、压、补的加工特点。花毡以其制作精美，别具风格而享有盛誉。其色彩绚丽，大多用于房间的装饰、铺地及作褥，既可美化环境，又可保持室内的整洁，受到了各族群众的喜爱。

哈萨克人称毛织土布为"胡尔"，意思是用动物毛绒纺织的布。胡尔在哈萨克语中还含有"雕花""绣花""雕刻"之意，意即这种布的织纹清晰，像用刀雕刻出来的或用绣花针绣出来的一样。

古时，毛织土布中纱线较细者统称为罽（读 jì），粗者统称为褐[1]。

毡（"氈""旃""毺"都是其古称）、毛织土布（包括罽和褐）是古代主要的毛制品，所有这些在新疆都有考古发现。

第一节　哈萨克族毛制品概述

一、新疆民间制毡史

新疆是我国最早发明擀毡的地区，早在4000年前的新石器时代，新疆居民就发明和掌握了这种技术。1980年新疆社会科学院考古队在楼兰古城发现了保存完好的女尸。古尸的发现引起轰动，被誉为国宝级之文物，成为考古学界的奇迹。古尸距今已有约3800年的历史，被称为"楼兰美女"。古尸的衣着初步揭开了楼兰人穿着衣冠之谜，这是新疆也是中国迄今为止发现的最古老的衣冠文物。"楼兰美女"头戴缀有毛

---

[1] 陈维稷.中国纺织科学技术史（古代部分）[M]. 北京：科学出版社，1984：389.

线边饰、插有羽毛的尖顶毡帽，将护耳、护颈的功能连成一体，并有毛绳系于下颏。

　　古代新疆的游牧民族，穿的是毡衣，蹬的毡靴，戴的是毡帽，铺的是毡毯，坐的是毡垫，连居住的帐房从顶部到墙都是用毡制成的，所以叫作"毡房"。嫁到乌孙的细君公主在其诗《悲愁歌》中所吟的"穹庐为室兮毡为墙，以肉为食兮酪为浆"，就是对古代游牧民族生活的真实写照。图5-1所示的毡帽是新疆且末县扎滚鲁克古墓葬群出土的，距今已有2800余年。它是用两块近似三角形（顶端呈圆形）的棕色毛毡对缝，以黄色缝线缝合，同时黄色缝线也作为装饰线，毡帽尖顶向后弯曲，顶尖填充有毡块，口缘外翻，是古代游牧民族喜爱的一种帽子。图5-2、图5-3中的毡衣和毡袋是南疆和田洛浦县山普拉汉代古墓群出土的。毡袋正面为黑毡，上面用黄色和红色绣线绣花，反面为白毡，带子是用黄、红、黑三色毛线编织的条纹毛带。

图5-1　毡帽

图5-2　毡衣（汉代）　　　　　　　　图5-3　毡袋（汉代）

　　在现代，制作简便、不需工业化、价格便宜的各类毡制品仍然是新疆各族人民生活中的必需品，尤其是在农牧区。他们用素毡制作毡袜、毡靴、毡帽、毡房等；各种颜色绚丽的羊毛、色布，用剪、压、补的加工方式或拼或嵌或补在毡面上，制成图案粗犷、用色强烈、豪放的绣花毡，铺在炕上、地上，或做成马褡、车垫等。它们是保暖隔潮的实用生活用品，更是美妙绝伦的点缀装饰品。

图5-4所示为汉代圆顶白毡帽，高15.5厘米、帽口宽26.5厘米，于1984年新疆
洛浦县山普拉墓葬中出土。帽呈半圆形，由两片半圆形的白毛毡缝制，口缘饰宽1.5
厘米的平纹白毛布镶边，后面开衩。衩口长7.5厘米。帽体里外共分三层：白毡面、
红毛纱里，中间絮的是毛。帽用黑色毛线缝制，做工精细，是冬天暖帽的一种款式。

图5-5所示为毡靴，距今2500年，靴长108厘米、宽34厘米，于1992年新疆鄯
善县苏贝希墓葬出土。毡靴用白毡缝制，整体呈喇叭形，靴跟高于靴尖，靴跟与靴
尖呈斜坡状，穿上后靴口高及大腿根部，厚实保暖。

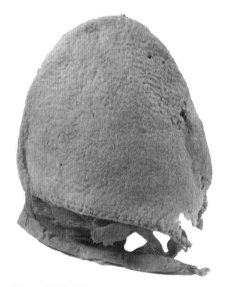

图5-4　圆顶白毡帽
（汉代，新疆维吾尔自治区博物馆藏）

图5-5　2500年前的毡靴
（新疆维吾尔自治区博物馆藏）

二、毛织土布的分类及用途

哈萨克族的传统毛织物用于他们生活的方方面面，如服饰、地毯、挂饰、马褡
裢以及固定毡房的织带等生活用品，具备装饰功能，无论从色彩搭配、艺术表现还
是装饰效果上都呈现出极具特色的图案风格和织物机理。

哈萨克族毛织土布（胡尔）均是用最原始的地织机手工编织而成，按其外观、
幅宽及用途分以下几类。

❶ 系带

系带一般选用较为粗长的毛纤维，宽度为3~15厘米（窄的胡尔），有本色的、彩

条的，也有提花的，系扎在毡房等上起固定作用。

提花系带，多系扎在毡房上，起美化与固定毡房的作用，是至今在牧区哈萨克族中仍旧普遍流行的毛织物。一顶中等大小的哈萨克毡房，一般需要20根左右的毛织绦带，总长度为百十米。提花系带的颜色以暖色为主，横七竖八地布满整座毡房骨架各处，与毡房地面的花毯、四周的芨芨草隔帘、正面琳琅满目的被褥枕头、弹拨乐器库姆孜、刺绣衣物袋等物遥相呼应，相互衬托，将整座毡房装扮成暖如春天的花园（参见图5-13毡房结构）。

此外，系带还有用多股毛纱线复捻的毛绳，或多股毛纱线绞编而成的，如图5-6所示。

（a）新疆山普拉汉墓出土　　　　　　　（b）哈萨克民间

图5-6　绞编毛系带

❷ 腰带

用较细的毛纱线织出宽5~8厘米的精细提花织物（精制的窄胡尔），是哈萨克族男子用来装饰腰部的腰饰（参见图3-85男子配饰）。

❸ 裹脚布

裹脚布是一种幅宽15厘米左右的素色平纹毛织物（裹脚的胡尔），一般为原毛色，是一种挑去粗毛，以低捻织成的单纱织物，下机长没有固定的标准，织完后根据需要剪开使用。

裹脚布过去是哈萨克人的袜子，直到20世纪70~80年代，裹脚布在牧区仍能看到，其作用相当于厚的毛线袜子。裹脚布一般和皮窝子、毡靴等配套使用，以抵抗新疆寒冷的冬季。

❹ 切克祥

切克祥是指用驼绒或细羊毛织成的幅宽为25~45厘米的毛织物（做衣服的胡尔）拼接裁剪缝制而成的连袖或装袖的无领、无门襟扣的外套大衣，腰部用腰巾或腰带固定（图5-7）。

"切克祥"是新疆少数民族最传统的服装。做切克祥的面料按原料及颜色可以分为本白羊毛/黑色羊毛交织、本白羊毛/驼绒交织、纯驼绒织造三大类，织物组织是平纹或破斜纹，外观多为彩条或隐条纹。彩条是利用原料的天然色，隐条有两种形成方法：一是破斜纹组织；二是将S捻与Z捻的经纱分组间隔排列，平纹编织，因不同捻向的纱线反光不同形成隐条效果。

图5-7　切克祥

❺ 巴斯库尔

巴斯库尔是宽度为15~45厘米的彩色羊毛织毯（宽的、彩色的胡尔），按花色分为彩条与提花两种，按所用原料、纱线的粗细和织物的用途可以分为绒毯、货物毯与地毯。

"绒毯"是用山羊绒和牦牛背部的绒纺成的纱线而织出的产品，可素可花。幅宽为20~30厘米，长度没有固定的标准，从几米到20~30米都有，织完后按照需要剪开使用。

"货物毯"一般是彩条的，经纱和纬纱均为单纱，经纱条带大多数用红、绿、桃红和黄色纱线。一般3~4根不同颜色的纱组合成一个条带，每一种颜色的宽度为1~2厘米。

"地毯"的经纱选用股线，纬纱大多数为单纱，部分情况下纬纱选用股线，直径为2~3毫米。经纱基本由白色纱和黑色纱排列出不同色条。地毯的底色为白色，花纹用黑色。一块地毯上有3~4个色条，每一个色条由3~5根黑纱组成。

"绒毯"是高级毯，比"地毯"轻薄、花纹密度大、颜色鲜艳，一般用于毛毯、台布、面单子、挎包等用品的缝制。"货物毯"的用途很广，既可用于货物盛装，也可做墙围、坐垫、地毯、牲畜披毯等。"地毯"比"货物毯"厚重、花纹稀少、颜色单调，一般用于麻袋、毯子、饲料袋（系在牲畜嘴上）、鞍垫的缝制。

织好的"巴斯库尔"可以根据需要的尺寸将几条拼起来缝成一大张，用来做炕上铺的毯子、墙围、坐垫、地毯，床毯等，有的还用作马、骆驼的披毯，有的还用作霍尔庆（褡裢）。

❻ 阿拉沙

阿拉沙是宽度为30~45厘米的本色毛布（宽的、本色的胡尔），用来做面粉口袋、麻袋、牲畜饲料袋及其他生活中需要的杂物袋、货物毯等。

❼ 褡裢

褡裢，哈萨克人称"霍尔津"或"霍尔庆"，一般褡裢开口在中央，两端各有一个装东西的口袋，有一布盖用绳扣连环套接，使袋内物品不易外露，用时搭在牲畜背上或人们（一般是男人与中老年妇女）的肩头，故称它"褡裢"。色彩艳丽的褡裢搭在牲畜背上或穿着素雅男子或妇人的肩头，远远看去，犹如彩云落肩，美不胜收（图5-8）。

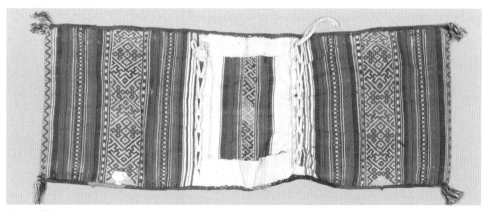

图5-8 褡裢

作为逐水草而居的游牧民族，哈萨克族受到过去迁徙生活方式的影响，也被称为"马背上的民族"，因此，马是他们珍贵而常用的交通工具。"褡裢"是披在马背上的马披，哈萨克族妇女们将毛织物制作成各式各样的褡裢，足以体现出对马的爱惜。

过去，褡裢是新疆少数民族的万能口袋，是他们不离身的"背包"，有一句话是这样常说的："出门不带褡裢，心里空荡荡的"，因此走到哪里都带着。

⑧ 挎包

挎包，哈萨克人称"朵尔巴"，多是姑娘或小媳妇出门携带的（图5-9）。

⑨ 杂物袋

杂物袋，哈萨克人称"库普卡里塔"，"库普"有多层含义，"卡里塔"为袋子。游牧的哈萨克族牧民毡房中没有功能齐全的抽屉、柜子，因此爱美的哈萨克人将茶叶、针头线脑，甚至茶碗等生活杂物都分类放在绣花袋中，挂在毡房的墙壁上，既美观又方便取放。

褡裢、挎包与杂物袋这些袋类织物既是实用品，又是装饰品，是游牧民族不可或缺的实用艺术品。首先，无论是出门带东西还是居家过日子都要有容器，于是心灵巧手的哈萨克妇女就制作了这些最简洁、实用的口袋；其次，它们也是炫耀女主人能干的物证——谁家的褡裢、挎包与杂物袋等手工艺品漂亮精巧，就表示谁家女子手艺精湛、性格贤惠。

褡裢、挎包与杂物袋是不同形状与用途的袋型毛织物。它们有三种制作方法：用木框固定经纱，在木框上直接编织出来（图5-10）；用自家织的毛织土布缝合而成；以市售布匹缝合、刺绣而成。

图5-9　挎包

图5-10　木框织架

第二节　制毡工艺及毡制品

一、制毡工艺

❶ 制毡原料

羊毛属于天然蛋白质纤维（从动物皮肤里所生长的毛纤维），是纺织工业的重要原料，它具有许多优良特征，如弹性好、吸湿性强、保暖性好、不易沾污、光泽柔和等。这些性能使织物具有各种独特的风格。用羊毛可以织制各种高级衣用织物及工业用呢绒、呢毡，擀制毛毡等各种材料等。此外，用羊毛织制的各种装饰品，如壁毯、地毯等，名贵华丽。对于制毡来说，当然是羊毛品质越好，毡制品中纤维间的结合就越好，外观也越细腻高贵。但同时如用纺织价值较低的羊毛制毡，一来可以提高各种类型羊毛的利用率，二来也可以形成一种西部民族所特有的粗犷风格，体现新疆少数民族豪迈性情。羊毛的各种特有优点，使毡制品具有保暖隔潮、经久耐用等特点。

制毡所用毛一般为当地的土种毛，如哈萨克羊毛、巴什拜羊毛、多浪羊毛、策勒黑羊毛、罗布羊毛、巴尔楚克羊毛、昆仑羊毛等，它们为开放式被毛，属异质毛，毛色有黑、褐、白等，毛质较杂，有一定量的粗腔毛，但肩、背、侧的毛质较好，含绒量在45%~90%，平均含绒量在60%左右。一般擀底毡使用毛质较差的羊毛，擀面毡使用毛质较好的羊毛，而擀毡帽等要求外观细腻的品类，会使用肩、背、侧的羊毛，并人工拣去粗毛。

❷ 制毡原理

羊毛在湿热及化学试剂作用下，经机械外力反复挤压，纤维集合体逐渐收缩紧密，并互相穿插缠绕、交编毡化。这一特性称为羊毛的毡缩性。利用羊毛的毡缩性，把松散的短纤维结合成具有一定机械强度、一定形状、一定密度的毛毡片，这一过程称为毡合。毡帽、毡垫、毡靴等就是毡合而成的。

毡制品是利用羊毛的毡缩性原理制造的，而羊毛的毡缩性又由羊毛的特殊结构——鳞片层的摩擦性能及羊毛特殊的物理性质——天然卷曲所形成。在外力及温湿度等的外在条件下，充分发挥羊毛的毡缩性即可制成毡。

❸ 制作过程

羊毛的毡缩性是羊毛纤维各项性能的综合反映。羊毛顺鳞片和逆鳞片的摩擦系数差异越大，定向摩擦效应越好，毡缩性越大。此外，羊毛高度的回缩弹性和卷曲也是促使羊毛毡缩的内在因素。温湿度、化学试剂和外力作用则是促进羊毛毡缩的外因。当 pH 为 8~9，温度为 35~45°C 时，羊毛的缩绒效果较好。擀毡时，在外力作用下，纤维受到反复挤压，羊毛时而蠕动伸展，时而回缩恢复，形成相对移动，有利于纤维互相缠绕，致使纤维集体紧密。羊毛的卷曲导致纤维根端无规则地向前蠕动。这些无规则的纤维互相穿插，形成空间交编体。

制作工具：一般擀毡所需的工具为线绳编制的芨芨草帘、弹毛棍、弹羊毛用的皮张（未加工的生皮）、自制梳理机、麻绳和其他纤维绳、大锅或大的烧水壶等。

制作工序（图 5-11）：

① 选毛：将羊毛按颜色挑选分类，其目的在于合理利用原料，获得良好的外观，使产品质量提高、降低成本。对于制作花毡的面毡或是其他高档毡还需对羊毛的质量进行挑选，挑选小羊的毛或是位于肩、背、侧处优质的羊毛，去除劣质的杂毛。

② 除杂：将分类后的羊毛中的杂草、杂物进行清理，目的是去除沙土和植物性杂质等，最终获得洁净的羊毛，以保证后续工序的顺利进行。

③ 洗毛：将清理好的羊毛洗净、晾干。清洗剂是指常用的肥皂、纯碱及各种合成洗涤剂，它们在水中溶解后，由于表面活性，可把羊毛浸湿，使羊毛的污垢层吸附一定数量的洗涤剂分子，这些分子溶入羊毛脂污垢层的缝隙中，同时受温度和机械外力的作用使羊毛油汗和污垢与羊毛分离，达到洗净的目的。

④ 开松：将清洗后的羊毛放在皮张或芨芨草帘上，用弹毛棍抽打使之蓬松。由于羊毛的纤维之间往往互相粘连成毛块，这些毛块虽在选毛时曾用手撕过，但还不够松散，所以要用弹毛棍抽打，使大块毛松解，逐步分离成小毛块和毛束。

⑤ 梳理：将弹好的羊毛用自制梳理机再次梳理，目的是将缠绕成块的羊毛进一步松解分离，并充分混合，进一步去除草屑等杂质。

⑥ 铺毛：将弹好的羊毛摊铺到平放在地上的芨芨草帘上后，再次整理使之表面平整、厚度均匀。

（a）开松　　　　　　　　　　（b）铺毛　　　　　　　　　　（c）擀毡

（d）定型

图5-11　制作工序

　　⑦ 加热加湿：将水壶中的水烧开，均匀地浇在摊铺好的羊毛上面，此步骤即是给羊毛毡合创造热湿条件。

　　⑧ 捆绑：将羊毛连同芨芨草帘一起卷起，并用绳子从外面缠绕捆紧。

　　⑨ 擀毡：将一条四五米的绳子打好接头，放在草帘中段，拉动绳子使芨芨草帘随之滚动，并由他人排成一列，用脚踩草帘持续两三个小时。如果擀的毡子不大，如单人床上铺的毡子只需两人操作即可。在擀毡过程中，须不断打开查看、增添羊毛，以保证羊毛铺设均匀，同时还要不断添加热水，以保持热湿条件，增加羊毛的毡合力。

　　⑩ 定型：当能从芨芨草帘缝隙中看到有毛尖露出时，表示已初步加工成型，此时应将初步形成的毡坯与草帘分离，单独卷放在草帘上，多人排成一列，用两条胳

膊用力下压使之来回滚动，以便其最后定型。

⑪ 后整理：将加工定型后的毛毡卷起呈圆筒状立起，用清水冲洗，除去其最后残留的污垢，晾干后即为成品。

在牧区，从打羊毛、擀毡到缝制，全部纯手工完成。草原上的夏季是牧民们制毡的旺季，如果有一家要制毡，大家都会来帮忙，所以每条毡的完成，既是制作者集体智慧的成果，又是团结互助的结晶。

二、毡房

哈萨克族牧民由于春、夏、秋三季牧场经常迁徙，必须有易于拆卸、携带的房屋，才能适应生产和生活的需要，而毡房的特点就是携带方便、易于搭卸，可以在很短的时间内，将整个毡房和生活用具用毛绳绑扎完毕，几乎每个牧民都练就了一手"绑驮子"的绝技，在崎岖山路的长途颠簸中，也毫不松散。到了目的地后两个小时左右就可搭建起来，如果毡房架搭的地方不太合适，只要几个人抬起来，摆到合适的地方就行了，因而毡房成为最适合牧民们的活动房屋。

❶ 毡房历史

毡房，哈萨克语称"克依兹宇"，"克依兹"即毛毡，"宇"即房子，表示"家""户"。哈萨克族毡房以其易于搭卸、携带方便、坚固耐用、居住舒适、防寒、防雨、防震的特点成为千百年来哈萨克族牧民喜爱的一种民居形式，而且沿用至今，成为哈萨克民族文化中独特、亮丽的一道景观。

图5-12　细君公主（?～前101）

细君公主嫁给乌孙昆莫猎骄靡后（图5-12），曾因语言不通、思念故乡，心中孤独和忧伤，写出著名的《细君公主歌》，又称作《悲愁歌》《黄鹄歌》：

吾家嫁我兮天一方，远托异国兮乌孙王。

穹庐为室兮毡为墙，以肉为食兮酪为浆。

居常土思兮心内伤，愿为黄鹄兮归故乡。

这首诗歌突出了中原与西域在食宿、文化等方面的巨大差异。这里的"穹庐"

就是指乌孙毡房，说明远在2000多年以前哈萨克人的祖先就已居住在毡房里了。

毡房是北方游牧民族通用的房屋形式，不过各民族的毡房式样各有其特点。虽然毡房的结构并不太复杂，但要制成一顶毡房，需要具有较高的专业手工技术。它必须要在狂风暴雨中屹立不倒、不漏雨水，这就要求其坚固结实、制毡紧密。毡房首先以树木做成框架，框架虽然有大小之分，但都有一定的规格。毡子制成后，把它包覆在木框架上，即制成毡房。毡房在春、夏、秋三季牧场迁移时使用较多，具有拆装简易、便于搬迁的特点，故为古时乌孙、康居族人民所乐用。几千年来其基本式样未有大的改变。

❷ 毡房结构

毡房是哈萨克牧民的家，也是他们从事生产的场所。春天接羔时，毡房是护理羔犊的"医院"；夏季要酿制酸奶，提取奶油，制作各种奶制品，毡房又是牧民们生产乳制品的"车间"。特别是隆冬季节，外面天寒地冻，毡房里却温暖宜人，成为人畜抵御暴风雪袭击的"堡垒"。毡房也曾是孩子们上学的课堂和嬉戏的场所。现在哈萨克牧民大多有两套居所，老人与小孩定居在山下，住土房、砖房或楼房，青壮年牧民冬季也生活在定居地，其他季节则要到山上游牧，游牧季节仍旧住毡房。另外，随着人们生活水平的提升，旅游业比较发达，牧民们在旅游景点搭建这种古老而传统的毡房，接待各方来客，已成为一道独特的民俗景观。

哈萨克毡房由栅栏、房杆、顶圈、芨芨草帘、房毡、顶毡、门和门框等组成，所有建材及制作工序全部是用手工完成，传统但非常科学（图5-13）。毡房主体一般由三层组成：

① 里层为栅栏、房杆与顶圈，起毡房骨架作用。栅栏在下层，由横竖交错的细柳杆或木条用牛皮绳捆扎或用铆钉铆合相连成菱形，每块栅栏高1.5~2米，拉开宽约3米，可以自由拆合，若干块栅栏组成毡房的墙。栅栏上部是房杆，形成半圆形穹顶。顶圈在毡房顶部中央，上用3段弧形木头连接成天窗。天窗上盖顶毡，顶毡用宽25~40厘米的彩色系带拴住，天气晴好时，将其拉开一半，起天窗作用；雨雪天气盖满，防雨保温。

② 中层是芨芨草帘与绣花篷布。在栅栏围墙外围上一圈用芨芨草制成的草帘，草帘上面用彩色毛线缠绣牛羊、花草等图案，房杆上围上篷布，二者均起装饰作用。另外，在天气晴好的时候可以将芨芨草帘外面的毛毡掀开一部分，起到通风、透气的作用。

（a）结构（新疆维吾尔自治区博物馆展品）　　（b）毡房骨架（栅栏、房杆与顶圈）　　（c）芨芨草帘1

（d）绣花篷布与房杆（红色是染的，黄色是毛纱缠绕的）　　（e）栅栏与房杆连接处

（f）绣花篷布、栅栏与芨芨草帘　　（g）印花篷布与彩色毛线缠绕的房杆1　　（h）绣花篷布与手工毛织带

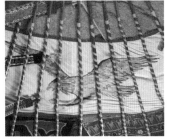

（i）印花篷布与彩色毛线缠绕的房杆2　　（j）印花篷布与彩色毛线缠绕的房杆3

（k）系绳（手工毛织带）　　（l）房杆与顶圈　　（m）栅栏与芨芨草帘1

（n）芨芨草帘2　　　　　　　　　（o）栅栏与芨芨草帘2　　　　　　　　（p）栅栏与手工毛织带

图5-13　毡房结构

③最外层是白毡，起保暖作用。

哈萨克毡房的门较讲究，须开在东面，门框高同栅栏高，宽0.9~1.2米，多为双扇雕花木门，门外有毡帘。

最后还要在毡房周围挖好排水沟槽，这样毡房就算落成了（图5-14、图5-15）。

❸ 哈萨克毡房与蒙古包的区别

哈萨克毡房常常被混同于蒙古包，尽管它们都是帐篷类民居的特殊形式，在形状、结构、材料等方面有较多的相似性，但在一些局部细节上哈萨克毡房与蒙古包

图5-14

图5-14　毡房室内

图5-15 毡房室外

是不同的，主要体现在：

①上部房杆和围墙连接处。哈萨克毡房上部是半圆形穹顶，蒙古包上部呈伞形。

②哈萨克毡房的房杆上端为弓形，下部弯曲成方形捆绑在栅栏上；而蒙古包的房杆是直直地搭在栅栏上的。

③蒙古包上面是十字拱顶，下部有支撑栅栏的底架。

④两者的大小、高低尺寸、门的装饰也不一样。

毡房是游牧的哈萨克先民们对大自然天然选择的结果，大自然为这种选择提供了理想的天然大仓库。哈萨克草原上的芨芨草、柳条、兽皮、牲畜毛是大自然无私的馈赠，哈萨克先民凝聚起民族集体的意志、兴趣和情感，使人与大自然和谐地联结起来，对自然原料进行艺术加工、精心构思，他们的精神作用于自然物的过程和结果，形成了哈萨克毡房这种民居。

三、花毡

哈萨克民族喜欢用色彩绚丽的花毡。这些花毡大多用于房间的装饰、铺地及作褥，既美化了房间，又保持了室内的整洁，还有隔潮保温的作用。花毡还是哈萨克族姑娘出嫁时不可缺少的嫁妆，它是哈萨克人生活中必不可少的实用品，同时也是美不胜收的工艺品。

哈萨克族毡房内铺着各种花毡，哈萨克语称花毡为"斯尔马克"。妇女们利用精巧的构思，设计出各式各样的图案，用配成各种色彩的毛线沿着布料剪出的图案，千针万线，把两层新毡缜密地缝制在一起。花毡中有黑底红花、白底黄花、黄边绿叶、绿边白花，把整个毡片点缀得华丽美观，富有浓郁的民族特色。这些花毡大小各异，方正有别，使用场合也不尽相同。长方形的花毡多铺在毡房地上，专供客人就座；扇形的则是按照圆形毡房的地面形状制作，无论是用于睡觉时的铺毡，还是用于靠垫毡，都既软绵舒适，又防潮防寒。

哈萨克族妇女中有很多人称得上是民间艺术家，她们编制的毡房外围的芨芨草帘，是用一条条彩色毛条绕在芨芨草上，再按照一定的图案精编而成的，主要用来美化毡房。在白天天气晴朗时将外部毛毡掀去，让毡房通风透气的同时，芨芨草帘又可以保护毡房内的隐私。

制作一条花毡，要经过很多工序，最基本的材料是羊毛及各种毛呢和布片，把这些毛呢和布片剪成羊角花、鹿角花等图案，精心贴缝在毡子上。花毡构图严谨、色彩协调、美观大方，同时又经久耐磨。特别是作为姑娘结婚嫁妆的壁挂，是每个毡房必备的装饰品。姑娘们把自己喜爱的花卉、花边图案刺绣或钩绣在上面，有的还在图案周围镶上金丝、缀上银珠，手法巧妙，是很有欣赏价值的装饰品。铺在毡房地上，用于隔潮防寒、美化室内环境的补花毡（斯尔马克，在阿勒泰地区称"西尔达克"），大多绣有毛角、鹿角、树枝、云等图案，用红、黑、橘、绿、蓝等色布套剪，正反面对补、虚实相映，图案粗犷豪放，色彩对比强烈、艳丽夺目，充满草原气息。

一般花毡比普通毡子要厚，多为双层，而且缝得特别密实，经久耐用。花毡的大小根据需要而定，大的有二三十平方米，小的只有一二平方米。

新疆不同地区、不同民族花毡的制作方法、图案和颜色略有区别，这主要缘于生活环境和民族审美的差异。此外，由于传承人的不同，个人对生活的理解和追求不同，所做的花毡也有区别。一般费时费工的嵌花毡、补花毡、绣花毡，主要流行于游牧的哈萨克族、柯尔克孜等民族中。定居的维吾尔族因为可以在房间、院落支架编织地毯，因此高档花毡被著名的和田地毯替代。而中低档的擀花毡则在新疆各民族中都有，另外在维吾尔民族中还有印花毡，是采用活字印刷方式进行制作。

❶ 嵌绣花毡

嵌绣花毡，也叫镶嵌绣花毡、镶绣拼花毡、嵌花毡。嵌绣花毡都是两层，面毡采用镶拼绣缝的方法完成，具体是把面毡染成所需的各种彩色毡，将彩色毡嵌拼成各种图案，再用羊毛线绣缝连接起来，绣缝好后再将其与底毡缝合在一起，因此面毡可以薄一点更便于绣缝，双层的成品毡还结实保暖。

花毡中做工最精细的要数嵌绣花毡，最为哈萨克和柯尔克孜民族喜爱（图5-16）。为节约用料，他们常常采用对嵌的方法制作，即用两块颜色不同的纯色毡，裁剪成相同形状的纹样，将底版与图案互调，缝制成两块图案相同、底色与图案相反的花毡，如图5-16中不少花毡的边饰都是阴阳对调完成的（第二排左边，第四排右边，第五第六排都是）；而第四排左边两个花毡是用阴阳对嵌的方法同时完成的，花毡中心纹样是用黑白两个色毡对嵌形成，边饰是用黑黄两个色毡对嵌形成。这样除了裁剪制作

图5-16

图5-16　镶嵌绣花毡

方便之外，还能正反使用，一个花样剪下来，阳纹是花，阴纹也是花，一正一反，既省工，又省料；既有统一的造型，又有阴阳正反的变化，十分科学合理。

❷ 补花毡

哈萨克等民族群众喜爱补花毡，其做法也很考究（图5-17）。所谓补花即是将各色布用毛线补在白色或驼色的毡上。还有一种是用彩色毡片和彩色的布拼成富有浓郁特色的图案，即补与嵌相结合，再一针一线缝起来。所用的布料一般都是条绒布或纹路比较粗的布料，这样一是比较耐磨，二是便于与较粗糙的毡子协调。

❸ 绣花毡

花毡中质量最好的要数绣花毡，这种花毡做工十分考究（图5-18）。以彩色丝绒线

图5-17 补花毡

图5-18

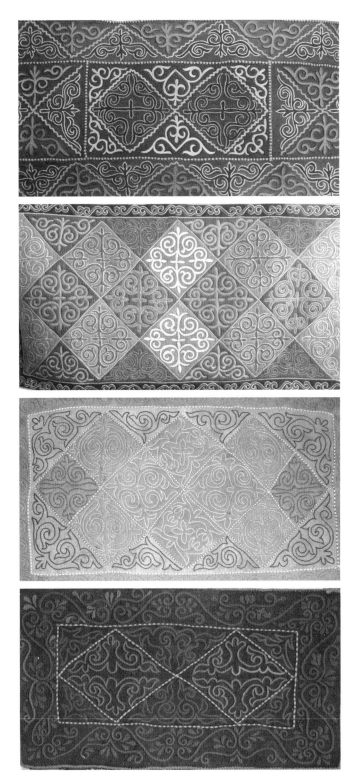

图5-18　绣花毡

或毛线用锁边绣等针法，将各种花卉对称地绣在紫、墨绿、红等颜色的毡子上，显得十分华丽。由于比较费工，绣花毡一般不大，多为单人床垫或坐垫。

❹ 擀花毡

哈萨克族的擀花毡属于中低档花毡（图5-19）。

擀花毡按原料的色彩分为天然色花毡与染色花毡，天然色花毡将天然的白色和有色的羊毛根据图案进行擀制；染色花毡是用白色羊毛根据所需颜色进行染色后，用这种染色毛进行擀制。

擀花毡按制作工艺又可以分为擀花毡与嵌擀花毡。

擀花毡是一次性擀制而成的，先将有色羊毛按图案摆放在芨芨草帘上，摆放好后少量浇水，让它们相对固定一下，再将白色或棕色羊毛铺上，一次性擀制而成；也有先将白色或棕色羊毛初步擀制成型，再在上面将有色羊毛按图案摆放好后浇水继续擀制直至完全成型。这种擀制方法简单、省工，但图案不精致、易变形，且时间长了有色毛掉了图案就变得模糊，一般用在底毡上。

嵌擀花毡，也叫镶嵌擀花毡、镶擀花毡。嵌擀花毡是两次镶拼擀制的，将有色毛先初步擀成毡片，将有色毡片按嵌花毡的方法用剪刀剪成可以阴阳相嵌的纹样，在芨芨草帘上镶嵌铺放、形成图案，图案形成后，再将白色或棕色的羊毛盖在上面进行二次擀制，这种擀制方法也不复杂，但图案的精确程度较前者好很多，可以用

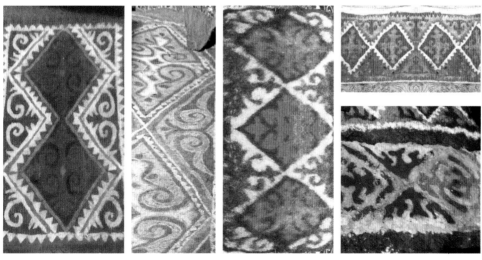

图5-19 擀花毡

在进门口的脚垫上，一些不讲究、不富裕的家庭也用于地毡及其他地方。

从这里我们可以看出当地人民的艺术创作是多么的独具匠心。

第三节　毛织土布制造工艺及三种平纹经线显花织物

一、毛织土布制造工艺

❶ 工艺流程

哈萨克族毛织土布制造流程如下：

散毛染色：剪毛、选毛→洗毛→弹毛→二次选毛→染色→制条、纺纱→整经穿经→织造准备→织造。

绞纱染色：剪毛、选毛→洗毛→弹毛→二次选毛→制条、纺纱→绞纱→染色→整经穿经→织造准备→织造。

❷ 工序介绍

原料：当地的土种毛，选用肩、背、侧部毛质较好的毛，去除腹部及四肢的毛（图5-20）。如果是做服装或毛毯等贴近人体的产品还要人工拣去粗毛（即二次选毛），并按颜色分类。

洗毛：将毛用肥皂水浸泡一段时间后，用清水漂洗干净，阴干备用。注意，清洗时尽量轻柔，以防毡化。

染色：古时多采用茜草、红柳、紫草、核桃皮、石榴皮以及各种树根、树皮等含有天然色素的植物染料和矿物染料进行染色，19世纪后随着化学染料的问世，大量的化学染料被使用。

纺纱：原始的纺纱工具是纺坠（纺轮）和手摇纺车，哈萨克人主要用纺坠（纺轮）。

纺坠是利用其本身的自重和连续旋转而工作的工具，是我国夏代以前使用过的唯一的纺纱工具。现知中国最早的纺坠，是在河北磁山遗址发现的（距今七千多年）。新石器时代纺轮已被广泛推广。据考古报告显示，在我国较早的规模较大的居民遗址中，几乎都有纺坠的踪迹。图5-21中的纺坠为1985年新疆且末县扎滚鲁克墓葬出土的雕花木纺坠，距今已有2800年历史。

纺坠，哈萨克语"齐来克"，今天在偏远的牧区仍能看到，主要是由一个圆形石（玉）纺轮和一根用红柳枝制作的捻杆组成，是一种手提操作的纺纱工具，多用于毛纱的纺制。纺纱时先将毛纤维做成毛条，绕于左手手腕上，并用左手手指引出一端纤维，绕在捻杆的主轴上，同时把纺坠倾斜地倚在腿上，以右手搓动捻杆（圆盘下部分），使之旋转，在旋转时要用右手和左手不断地拉伸毛条，拉伸的毛条被旋转的主轴带动，形成毛纱，将已纺好的纱缠起，重复操作即可。纺纱到一定程度，把捻杆上的纺轮拔出来就可以取出毛纱了。

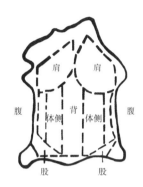

图5-20　毛被的部位分布

古老的纺坠（纺轮）纺纱原理，如图5-21所示，纺纱时，将手腕上的毛条一端卷在捻杆上，以图5-21（b）为例，其左手拿持纺的纤维，右手食指和拇指扯出一段，捻合成纱，缠在捻杆上端，使纺轮垂于空中、旋转；同时陆续释放左手的纤维，到一定长度为止。通过纺轮的旋转使悬空的这一段纤维得到牵伸和加捻。捻一段后，缠于捻杆上再放一段，再捻。若纺轮按顺时针方向旋转，纺成的纱是 Z 捻；若纺轮按逆时针方向旋转，纺成的纱是 S 捻，如图5-21（c）所示。

纺坠虽然原始，但有取材方便、制作简单等优点，妇女们还可以在走路、放牧、休息闲谈时不停地工作。

（a）公元前8世纪雕花木纺轮

（b）哈萨克妇女纺纱

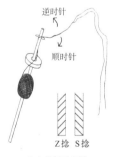

（c）纺纱示意图

图5-21　纺坠与传统纺纱

整经：整经机由5根粗细不同的木棒组成，如图5-22所示。

按照所需的颜色排经，进行整经穿经的工作，这一步需要两至三人共同完成，其中一至两人分别传递奇偶层经纱L_1、L_2，另外一人专门缠绕棉线L_3。在整经过程中，首先将A、B、C棒紧密排列固定，其中A棒很细，她们通常使用芨芨草、铁丝、细竹条等，其作用是固定经纱秩序，并在一定程度上影响织物的经纱密度，其作用相当于钢筘。A、B棒则形成了后期织机中固定织口的吊综。此外C棒一般较粗，它决定奇偶层经纱L_1、L_2的差值，而差值的大小也决定了将来织造时自然梭口的大小。其次在一定范围内固定D、E棒并与C棒形成三角桩，此时将经纱L_1依次绕过D、E

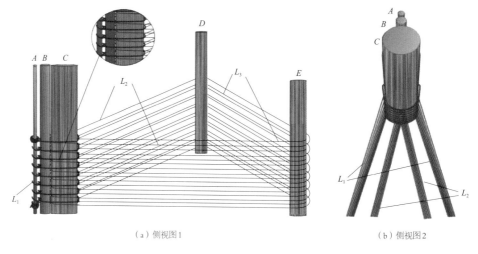

（a）侧视图1　　　　　　　　（b）侧视图2

（c）实物

　　图5-22　整经穿经图

棒，并且在B、C棒之间穿过之后打结，形成奇数层；再将棉线L_3在A棒底部打死结，绕过B、C棒，同时勾住传递过来的经纱L_2，最后绕回A棒进行二次固定，从下至上重复动作，直到经纱的穿经高度达到织造布面所需的幅宽。其中棉线相当于综丝的作用，使参与织造的上下层经线分开，从而形成了奇数层和偶数层，整经中的C、D、E所围成的三角形周长即整经长度，扣去织缩后为织物的长度。

织造准备：地织机是在整经机的基础上形成的，织造前将整经机（图5-23）中的C、D棒抽出备用，将A、B棒从与地面垂直状态旋转为水平状态，经轴的一端此时依然绕在E棒上。再添加3根长木棒，形成固定三脚架，用挂绳将A、B棒吊在三脚架上形成自然梭口，A、B棒组成的棒综则形成了第一页综。而之前抽出的C、D棒形成固定经轴另一端的工具，还需添加1根较长的木棍或铁棍，穿入经轴，将两段粗毛绳分别把C、D棒与此长棒绑结，形成能够控制张力的矩阵结构，通过调整粗毛绳长度使固定于两端的经轴达到紧绷的状态，即完成织造准备工作。地织机的结构如图5-21所示。

织造：地织机主要机件结构为撑经轴（由三角撑经架、经轴、布轴组成）、吊综、手提线综、分经板和打纬木刀，如图5-23所示。

撑经轴：用于将整个布幅的经线固定撑平，柯尔克孜族的地织机均是呈环绕式

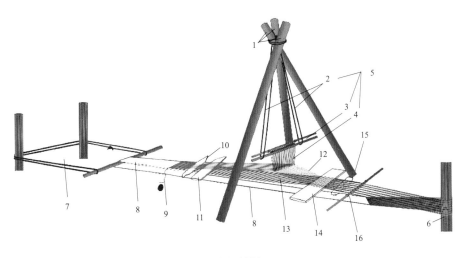

（a）示意图

1—三角撑经轴；2—挂绳；3—A、B棒组成的棒综；4—分经线；5—吊综；6—经轴；7—布轴；8—织好的布面；9—纬纱；10—挑花木刀；11—打纬木刀；12—奇数层经纱；13—偶数层经纱；14—分经板；15—手提线综；16—经纱整理棒与分经绳

图5-23

（b）实物

图5-23　传统地织机

织造，织造过程中随着布面越织越长，织完的布幅绕布轴、经轴循环。

吊综：相当于织机中的第一页综版，形成固定开口的作用。

手提线综：与分经板共同工作，交换梭口，相当于第二页综版作用。

分经板：整经后经线被分为奇数层与偶数层，用手提线综套住下层的经线并提到上层，分经板插入并且平放在奇偶层之间，需要换层时分经板立起形成交叉，经线即可由分经板分为上下两层。这便在织造时形成了自然梭口。通过吊综的梭口与自然梭口的交替运动，实现纱线的一上一下，即完成一次平纹组织的织造。

打纬木刀：其作用在于织造过程中将纬线打紧。通常情况下打纬刀也承担经线开口作用，在织造过程中使梭口变大，更为清晰以便于引入纬线。

简易三角地织机结构中，吊综形成自然梭口，分经板形成第二梭口，吊综与分经板共同组成活动织口。在织造时，手动引纬后，分经板立起使上下层经纱交换，利用打纬木刀进一步开清织口引入纬纱进行织造。

织造平纹组织是只需通过吊综的梭口与自然梭口的交替运动，实现纱线的一上一下，即完成一次平纹组织的织造，当织造多色提花织物时，利用不同的排经方式并借助挑花木刀，手动挑选参与织造纱线的颜色和数量，使织物形成以平纹为地组织的经线提花织物。为使织物结构和花纹丰富，只有具有丰富操作经验的家庭主妇，才能够按照预定的规律和方式将经线穿起固定，在织造时准确选择经纱的颜色和数量，形成具有特殊花纹和图案的织物。

二、三种平纹经线显花织物的织造工艺与织物性能分析

用传统的地织机编织的提花组织均为平纹地、经纱显花。织物的组织由织造方法决定，织物的花纹由排经与手工挑花实现。此处介绍"单面提花织物"（塔克铁尔么）、"双面地正反面提花织物"（库斯提尔么）和"双面地正面提花织物"（图斯特铁尔么）三种平纹经线显花织物的具体形成方法。

❶ 织造工艺分析

单面提花织物织造工艺分析：单面提花织物采用一上一下平纹穿经，其经线为两根异色纱线相邻循环排列而成。吊综吊起奇数层经线，为1根A色经线与1根B色经线相邻循环排列；手提线综吊起偶数层经线，为1根B色经线与1根A色经线相邻循环排列。奇数层高于偶数层，形成自然梭口。

织造时，吊综吊起奇数层经线，需要交换梭口时，手提线综将偶数层拎起，插入分经板，此时偶数层高于奇数层，再立起分经板，形成第二个梭口如图5-24（a）所示。

提花时，若A色经线进行编织，需要把在下层的1根A色经线拎起，此时分经板插入，将2根B色经线全部压在下方，不参加编织，如图5-24（b）所示。将分经板放平，织口处插入打纬刀，打纬5~7次，使布面平整。打纬刀立起，将纬线穿入织

（a）编织1   （b）编织2

图5-24　单面提花织物的织造工艺特点

口，再次进行打纬。如此循环，*A*色经线形成一上一下平纹组织，*B*色经线在反面形成长浮线；反之，*B*色经线形成一上一下平纹组织，*A*色经线在反面形成长浮线。

色纱按一定规律进行交换，因此，不需要手工挑经便形成花纹，这种织造方法可织出30~40厘米宽的织带，在三种平纹提花织物中为最宽，因此是最常织的一种平纹显花织物，常作为装饰毡房或平房的地毯和挂毯使用。

双面地正反面提花织物织造工艺分析：双面双层提花织物采用一上一下平纹穿经，吊综吊起奇数层经线，为2根*A*色经线与2根*B*色经纱循环排列；手提线综吊起偶数层经线，为2根*B*色经线与2根*A*色经线循环排列。奇数层高于偶数层，形成自然梭口，如图5-25（a）所示。

织造时，需要交换梭口，手提线综将偶数层拎起，插入分经板，此时偶数层高于奇数层，再立起分经板，形成第二个梭口如图5-25（b）所示。

提花时，根据纹样需要，从左至右依次进行人工挑经，如图5-25（c）所示，将在下层的2根*A*色经线提起，则2根*B*色经线出现在背面；反之，将在下层的2根*B*色经线提起，则2根*A*色经线出现在背面。完成挑经后，打纬棒插入打紧2~3次，使布面平整，此时将纬线穿入织口，再次进行打纬，如此循环，从而形成正反面纹样相同，颜色相反的效果，且织物结构较为紧密，不易抽纱。织出的织物宽8~10厘米，因此，这种双面提花织物一般只用作毡房内的装饰绑带。

双面地单面提花织物织造工艺分析：双面单层提花织物采用一上一下平纹穿经。

（a）编织1　　　　　　　　　（b）编织2　　　　　　　　　（c）编织3

图5-25　"库斯铁尔么"的织造工艺特点

吊综吊起奇数层经线，为2根*A*色经线循环排列；手提线综吊起偶数层经线，为2根*B*色经线循环排列。奇数层高于偶数层，形成自然梭口。

织造时，需要交换梭口，手提线综将偶数层拎起，插入分经板，此时偶数层高于奇数层，再立起分经板，形成第二个梭口。

提花时，根据纹样需要，从左至右依次进行人工挑经。如图5-26所示将在下层的2根红色经纱同时提出，用挑花刀分好备用如图5-26（a）所示；插入打纬刀打纬3~4次如图5-26（b）所示；织口处打纬刀立起，此时插入纬纱如图5-26（c）所示；再次进行打纬5~7次，使经纬线紧密交织如图5-26（d）所示。根据需要的纹样，如此循环，正面由经浮线形成纹样；反面由*A*、*B*两色纱线一色一隔形成横条，被挑经纱因缺经漏出纬纱。这些短浮线的规律排列最终布面花纹。

三种平纹显花织物在织造时均需要凭借哈萨克族妇女的记忆和织造经验进行提花形成图案纹样，根据花型的要求，改变织物交织规律设计出丰富多彩的纹样。三种织物织造工艺对比分析如表5-1所示。织造时需全神贯注，对女工的技术水平要求很高，高经密、高紧度织物的上机张力比较大，需要足够的打纬力，才能保证织口

（a）编织1

（b）编织2

（c）编织3

（d）编织4

图5-26 "图斯铁尔么"织造工艺特点

的平稳移动。一条哈萨克族毛织品长 10~30 米不等，一位技术娴熟的女工大约需要织造一个月才能完成。

表5-1　三种织物织造工艺对比分析

项目		单面提花织物	双面地正反面提花织物	双面地正面提花织物
穿经	基本形式	一上一下平纹穿经		
	吊综	AB	AABB	AA
	手提线综	BA	BBAA	BB
织物组织		平纹地，经二重显花	平纹地，双层表里换层，双经双面提花	平纹地，双经单面提花
提花方法		如要 A 色线编织时将 B 色线用分经棍压下，不参加编织；如要 B 色编织时将 A 线用分经棍压下，不参加编织（即只换经不挑花）	正反面交换提花（不容易抽纱）	仅对织物反面的纱线进行提花，提花时将所需两根纱一起提
织物特点		若吊经 A 与线综 A 编织，形成 A 色平纹，反面即为 B 色长浮线；若吊经 B 与线综 B 编织，形成 B 色平纹，反面即为 A 色长浮线；如此两色交换，正面纱线编织形成纹样，反面则是与正面纹样颜色相反的经浮线	正反面纹样相同，颜色相反。虽为一上一下平纹地组织，但均为双经提花，形成重经提花效果，但由于相邻两根经纱不存在挤压，因此比重经提花的立体效果更为明显	正面由经浮线形成纹样；反面由 AB 两色纱线一色一隔形成横条，被挑经纱因缺经漏出纬纱，并形成隐形花纹。因双经提花，花纹的立体感明显
实物				

❷ 织物性能测试分析

原料：哈萨克羊毛绒的类型极其绒毛细度，测试结果如表5-2所示。

表5-2 哈萨克羊毛绒的类型及其绒毛细度

部位	绒毛含量/%	粗毛含量/%	绒毛直径平均值/μm
肩	67.14	32.86	19.7
侧	61.10	38.90	19.8
背	58.78	41.22	19.7
股	50.81	49.19	21.1
平均	59.46	40.54	20.1

在纺织行业，按纤维是否含有髓质层将羊毛分为绒毛、两型毛、粗毛与死毛四大类。由表5-2可知，哈萨克羊毛有两种类型，即绒毛与粗毛，该实验样品的绒毛平均含量为59.46%，粗毛平均含量40.54%。肩部的绒毛含量在各部位中是最高的，为67.14%，实验结果显示，哈萨克牧民传统分拣羊毛的做法与现代纺织科学基本一致。

国家标准GB 1523—2013《绵羊毛》对绵羊毛的细度进行了分类：直径在19.00μm及以下的羊毛为超细羊毛，直径在19.10~25.00μm为细羊毛，直径在25.10~55.00μm为半细羊毛。表5-2数据显示该批哈萨克羊绒毛平均直径为19.7~21.1μm，属于"细羊毛"。

纱线：三种织物纱线的基本参数，如表5-3所示。

表5-3 三种织物纱线基本参数

参数		单面提花织物		双面地正反面提花织物		双面地正面提花织物	
		经纱	纬纱	经纱	纬纱	经纱	纬纱
线密度	平均值/tex	196.5×2	79.8×4	225×2	213.3×2	287.8×2	165.5×3
	标准差	69.6	28.8	82.6	73.9	108.4	58.5
	CV值/%	17.7	9	18.3	17.3	18.8	11.8

续表

参数		单面提花织物		双面地正反面提花织物		双面地正面提花织物	
		经纱	纬纱	经纱	纬纱	经纱	纬纱
股线捻度	平均值/（捻/m）	1316.3	777.2	1117.9	948	1193.5	863.3
	标准差	296.4	125	216.2	178.1	228.5	154.4
	CV值/%	22.5	16.1	19.3	18.8	19.1	17.9
股线捻系数（α_m）		66.4	43.5	52.7	45.9	49.4	38.74

注 1.单面提花织物与双面地正面提花织物的经纱为手工羊毛双股线，纬纱为市售腈纶线再次手工加捻制成的纱线。

2.双面地正反面提花织物的经纱、纬纱均为手工羊双股毛线。

由表5-3可知：（1）三种毛织物均为经纱线密度大于纬纱，不同于现代工业的经纬纱线粗细相同或经细纬粗的一般规律，这样选择经纬纱的线密度主要是为了显花，即凸出经纱，起到"藏纬露经"的效果。

（2）三种毛织物的纱线细度不匀程度均比较大，而人工纺纱的细度不匀程度明显高于二次手工加捻市售腈纶纱线。

（3）三种毛织物均为经纱捻系数大于纬纱捻系数，这是因为它们都为经支持点，加大经纱捻系数有利于提升织物的结实耐磨性。织物的结实耐磨性与捻系数大小成正比，手感与捻系数大小成反比，三种毛织物的经纬纱线的捻系数大小为：单面提花织物＞双面提花双层织物＞双面提花单层织物，因此三者中单面提花织物最结实耐磨，但手感最差；双面提花单层织物手感最好，但结实耐磨性差。经验证，上述理论分析与实际织物手感是一致的。

织物：三种织物的密度与紧度如表5-4所示。

表5-4　织物密度与紧度

织物类型	密度/（根/10cm）		紧度/%	
	经向	纬向	经向	纬向
单面提花织物	138/2	32	57.9	21.2

织物类型	密度/（根/10cm）		紧度/%	
	经向	纬向	经向	纬向
双面地正反面提花织物	62	28	48.7	21.4
双面地正面提花织物	66	29	58.6	23.9

从表5-4可以看出，三者虽然都是平纹地组织，但它们的经纱紧度均大于纬纱紧度一倍以上，纱线之间存在高度挤压，因此织物的布面的经纱遮盖性好，缺点是布边不能裁剪，容易脱散。

第五章
哈萨克族毛制品

第六章
哈萨克族色彩与图案

哈萨克民族是一个爱美的民族，眼到、手到之处都有图案装饰，在地毯、衣饰、家具、器皿、乐器、马饰等物品上都能看到构思奇巧、色彩鲜艳的图案。作为一种生活化的艺术，哈萨克族的图案艺术从题材、内容到色彩都与牧民生活息息相关，给人一种浓重的草原民族气息。这些丰富而又独特的图案艺术是哈萨克民族悠久历史文化的载体，从中可以展现出哈萨克人的审美文化和民族的情感积淀。

第一节　哈萨克族色彩

色彩是少数民族服饰当中重要的构成要素之一，色彩通过感官以象征的手法传递着一个民族深层次的文化心理及审美情趣。它不仅是一种表达方式，同时也是一种存在方式与思维方式。人们喜欢在大自然中游走，一个很重要的原因就是可以获得自然美感，满足个体对美的需求。

一、对自然色彩的模仿与学习

哈萨克族牧民们大部分都生活在高原山区地带，这些地区四季分明，鲜明而又浓艳的大自然色彩给哈萨克族人民无限的启发，他们用红色来装饰毡房和服饰。在白雪茫茫的冬季，一抹艳红色的屋顶既便于识别又给人以温暖的感觉，从色彩心理上来看，浓艳的服饰也可以起到御寒保暖和调节环境颜色的视觉作用。哈萨克人长期生活在草原及深山当中，与大自然亲密无间地接触，聪慧的哈萨克人将大自然的颜色运用到生活艺术的创作中，他们的服饰如同大自然的色彩搭配一般绚丽多彩。

人们在对大自然的学习当中获得启发，同时也创造了美，这便是自然对于人类最大的启迪和帮助。蔚蓝的天空，峻峭的山岭，翱翔的雄鹰，灿烂的山花，四季颜色的变化……哈萨克人通过模仿这些大自然的美景，学习色彩搭配、点线面的运用、比例的调和。

二、宗教影响下的色彩观念和习俗

哈萨克族的服饰具有独特的审美情趣，这与他们所处的生活环境、接受的宗教信仰有关。哈萨克族信仰的宗教包括萨满教、佛教、景教，尤其是包含了自然宗教所有内容的萨满教的尊崇信仰。萨满教是在原始信仰的基础之上逐渐丰富发展起来的民间活动，它对我国北方地区各个民族的影响很大。

哈萨克族人民认为萨满能够预知未来，他的先知之明受到哈萨克族人民的尊崇。如哈萨克族的护身符之一是一只蓝色的"眼睛"，这是受萨满教影响下的图案崇拜。哈萨克人相信这样蓝色的"眼睛"能够帮助他们抵挡灾难、保佑家人，但是在哈萨克族的服饰上却见不到任何眼睛。这是由于萨满教逐渐依附在伊斯兰教之下而存在的独特习俗。由于普遍信仰伊斯兰教，伊斯兰教对信徒的伦理道德、言谈举止、为人处世、生活方式、饮食习惯都有着特定的教义约束，这对哈萨克民族的历史文化、生活习俗等产生了深刻的影响。

萨满的神服对信奉萨满教的各族人民的服饰有很大的影响。萨满教起源于史前狩猎时代，对于狩猎民族来说，火是抵御猛兽侵袭的最有力手段。北方诸族萨满的衣服多为紫红色，这与他们崇拜火神有关。他们认为火神是幸福和财富的赐予者，并具有镇压一切邪恶的能力。哈萨克族妇女喜爱的紫红色，以及婚礼中火红的新娘装都是哈萨克人对萨满教火神崇拜的心理积淀因素。

绿色既是萨满教自然崇拜的颜色，也是伊斯兰教崇尚的颜色。

三、色彩的象征性

色彩的象征性，主要是指色彩对于人所产生的心理作用。色彩除了作为造型因素完成造型任务外，还具有通过颜色来传达情谊的作用。不同的色彩会给人不同的心理影响，从而使人产生联想，这就是色彩的象征性。

哈萨克族各种图案的色彩都富有象征性，如蓝色象征蓝天；红色象征火和太阳的光辉；白色象征乳汁、羊群，引申的寓意有真理、快乐和幸福；黄色象征人类生存的大地，表示智慧和苦闷；黑色象征大地和哀伤；绿色象征草原上的春天和人类的青春。总之，什么样的图案使用什么样的颜色都有一定的意义。

哈萨克族人民日常食物以牛羊肉及其奶制品为主。俗话说"民以食为天"，哈萨克族人民的生活离不开奶制品，这就使他们对"白色"产生了特殊的理解，从而使客观的物质色"白"，变成了象征着忠诚、纯洁、无辜和正确的色彩。许多由"白"组成的合成词，就是哈萨克族人民心理的反映。"白"+"心情"表示"心善的"；"白"+"牲畜"表示"靠正当手段获得的牲畜"；"白"+"心脏"表示"赤胆忠心"；"白"+"意愿"表示"真心实意"等。

颜色词本来是反映客观物质视觉面貌的名称，但常因特定的历史条件和习俗的影响，而浸入文化载体，产生抽象的象征和含义。哈萨克牧民热爱这片土地，对色彩的偏爱，内蕴着对于生命的礼赞。

自然中包含着多种元素的形态，如色彩、对比、线条、形态、对称等。虽然自然形态一直处于变化当中，但是其变化总是保持着动态的和谐之美。

第二节　哈萨克族图案

世世代代游牧于草原、山区的哈萨克民族是一个活泼、开朗的民族，他们创造出的独特民族图案，记录、传承着本民族的社会意识和民族情感的演变，体现出哈萨克民族丰富的想象力和对大自然、美好生活的向往与追求。

民族图案的盛行有其自身的特点和社会背景，在没有文字的远古时期，人们把对客观世界的认识，刻在石器、骨器、铁器、木器和皮革制品上，来表达丰富的思想和感情。在《哈萨克族文化大观》一书中就记录了现代哈萨克族的重要先民乌孙、康居、阿兰氏族部落的许多民间图案纹饰，别具特色。这些图案纹饰世代传承、演进，常以几何纹样、动物形态纹样、大自然类纹样和抽象类纹样的形式以对称、并列、连续或交错的方式组合出现，通过刺绣、编织、雕刻、绘制等技艺，展现于挂毯、帷布帐幔、马具、服饰和日常生活用品上，表现出哈萨克牧人雄浑、奔放、粗犷的性格和特有的审美情趣。

一、哈萨克族图案的历史与题材

根据一些史料考证，哈萨克族图案的历史悠久，与古代塞种、乌孙的文化有密切关系。近代在塞种、乌孙墓中发掘到的一些图案和花纹有颇多相似之处，表明哈萨克汗国时期的图案艺术是古代塞种、乌孙文化的继承和发展。"哈萨克民族的图案是受到居住在哈萨克地域的游牧部族艺术的影响而在许多世纪之中逐渐产生的，并达到某种规范的图案种类。"

中国著名的哈萨克族历史学家尼合迈德·蒙加尼在其主编的《哈萨克族简史》中写道："康居人用木梭编织毛织品、麻织品……用图案来装饰居所的墙壁。"

图案艺术源于人们对自然的感悟，渗透着人们的思想和情感。古老的岩画图案艺术给了哈萨克族刺绣图案极大的启发。在哈萨克族图案中，多变的几何纹及动植物纹都有象征意义。从发生学的角度来说，先有图案，然后有刺绣。哈萨克族图案是刺绣的基础和条件，而哈萨克族刺绣通过色彩丰富的纹样，提升了图案的美感和魅力。哈萨克族图案形成的物质基础和他们的现实生活密切相关，印证了艺术源于生活的客观规律。美丽的大草原就像风景如画的天然画廊，潇洒自如、自给有余的游牧生活，给哈萨克族妇女提供了极为便利的条件，使她们创作出大量精美的刺绣图案。

哈萨克族的图案题材甚为广泛，全部来自日常生活，内容自然离不开山水、转场及游牧生活。根据图案所包括的内容大体上可分为民族印记类图案、动物犄角图案、动物肢体和脚印类图案、鸟和昆虫类图案、大地、水波、花草树木类图案与日常生活用品类图案等。

哈萨克族刺绣图纹主要取材于各种动物、花草果木及吉祥喜庆的哈萨克文、汉字等，而且往往是连环对称。心灵手巧的哈萨克族妇女，以她们丰富的想象、奇巧的构思、灵巧的双手在绸缎、呢绒、皮革、毛毡上用挑、刺、绣、补、钩等工艺手法，用五颜六色的毛绒线，在不同质地的纺织品上精心绣上色彩鲜艳、华丽炫目、美观大方的装饰图案。在各色图案中，特别令人赏心悦目的是那些以动物犄角、云水花草、日月星辰等形象装饰出的手工制品上的图案，它们以着色浓郁、对比鲜明见长，更能吸引人们的眼球。

这些图案的纹样不仅仅是对生活事物的简单复制，或简洁或繁复的线条里所蕴藏的是哈萨克族人民的艺术创造和审美情趣。早期的民间图案，多是对周围环境的模仿，这个依赖草原成长起来的民族，与大自然有着最为密切的接触，将大自然中一切美好的、人们敬重的事物绘制到了他们的衣食住行中，成为生活的一部分。从最早期对自然事物的单纯模仿到形成自己独有的样式，哈萨克族人民发展民间图案文化的过程所沉淀的即是一部厚重的文化交融史。

哈萨克族人民的日常生活是多彩的，地毯、衣饰、家具、器皿、乐器、马饰等物品上都绘有各式各样的图案，甚至绑在毡包上的毡片都有丰富的纹样、色彩和图案。作为一种生活化的艺术，哈萨克族图案艺术的审美价值和使用价值达到了高度统一：不同的图案样式都可以呈现在一种具体的事物上，点缀着哈萨克族人民的生活，借此展现出哈萨克族人民的审美文化和民族的情感积淀。

二、哈萨克民族印记类纹样与图案

哈萨克族的印记除了第一章中谈到的他们氏族部落的标识外，还应用在哈萨克族日常生活的方方面面。所有的印记都有一定的含义，哈萨克族的印记体现了他们的自然崇拜，如对太阳、月亮和星辰的崇拜。

❶ 圆

圆形图案来自太阳，太阳照射着大地，表示无尽、永恒、源远流长的生活道路、时代生活或风土人情等。古人对太阳的崇拜非常普遍，大部分古人都有崇拜太阳的习俗，带有太阳形图案和符号的考古文物经常出现在各地的考古发现中。生活在广阔草原上的哈萨克族人民居住的毡房和毡房的顶都是圆形的，因此用这类图案来表示和谐、温馨和富裕的家庭，表示某个完整的意思，而且多用于物体的中央。

❷ 生命之迹

水、大地、蓝天白云是生命之源，通过这类图案来表示人们在生活中社会地位的浮沉，老百姓的思想感情和喜怒哀乐。用在服装、服饰时，表示和谐自如；用在日常生活用品中表示四季风韵、绿色大地、蓝色河流、皑皑雪山等。

❸ 大地

哈萨克民族主要从事游牧狩猎的生活，过着游牧生活的哈萨克民族通过用这类图案来表示有一天能够与亲人平安相拥。这一类图案多用于装饰核心。

❹ 护身符

护身符是一种挂在脖颈上的装饰，男女老少都可以佩戴，更多为儿童佩戴。护身符外观多呈倒三角形图案，用皮革制成，皮革上用角纹样装饰，里面可以放入辟邪、祝福之物，是一种具有避邪、祝福寓意的配饰（表6-1）。

表6-1　哈萨克族印记类纹样及其图案的形成与应用

类别	纹样示例			
	圆	生命之迹	大地	护身符
民族印记类基础纹样				
民族印记类单独纹样				
民族印记类图案的形成与应用				

注　单独纹样，指由基础纹样经过演变、组合、再创造等形成的独立纹样。图案，指各种纹样独立或组合后呈现的整体画面。

三、角纹类纹样与图案

哈萨克草原自古就处于文明的交汇地带，这一特点使当地的民族和文化的形成都有着各族融合、东西交汇的痕迹。作为哈萨克人的主要族源之一，塞种人曾一度活跃在哈萨克草原上，其文化艺术不但受到中亚、伊朗和希腊艺术的影响，而且与中原和匈奴艺术有着密切的关系。这一时期，塞种人的图案纹饰以动物为主，如以鹿、羊等动物角部为原型的"角纹图案"，这是哈萨克族民间装饰的重要源头，直到今天也是民间图案的一大组成部分。如今很多器具上的图案都是羊角图案的变形。

角纹图案是哈萨克族民间图案中最基本、最古老的图案。题材和素材均来自哈萨克族人民的生活体验，是他们传统游牧、狩猎生活的反映，可以说是哈萨克族图案的重要"源流"。角纹图案应用十分广泛，并且形式丰富、结构严谨、条块相间、粗细兼容、工艺多样。角纹图案按角的来源分为羊角（可细分为盘羊角、山羊角、羚羊角等）、鹿角、牛角等，按角的形状分为断角、独角、双角等形式。角纹样的绘制整体分为两种，一种为卷曲的弧线纹样，与卷草纹等卷曲纹样有些许相似，是将羊角弯曲的形状重新抽象重构。另一种类似于"回"型纹样，多为方形且具有棱角，给人一种羊角锋锐的感觉。从纹样的效果上呈现出了圆顺和断角纹样。坚实而弯曲的角造型，具有力量、善意、丰盛、生殖的象征寓意。角纹一般用打磨、镶嵌等工艺在木质、骨质包括畜角上进行精雕细刻，在日常生活用品中应用更为广泛，多见于地毯、线毯、壁挂、迁徙花毡、客席花毡、补花花毡、火塘花毡、双色套裁花毡、染毛花毡、彩线花毡、彩绦花毡、草帘、褡裢、杂物袋、毡房带饰和服饰等。

角纹样是哈萨克族传统纹样的基础和根源，此类纹样的设计是按照形式美的规律，通过工艺、材料、功能、用途、经济条件和社会审美需求，在民间艺人丰富的想象力下，调动一切可视的图形、色彩、构图、技法创造出多姿多彩、千变万化的图案。从图案的构成上来看，不但遵循对称的原则，单独图案、适合图案、二方连续图案、四方连续图案和综合图案等方式表现出内容丰富、色彩多变且充满神秘诗情画意的西域风情。特别是现代适合图案的地域文化浓厚，造型取材大多源于大自然游牧生活，图案以写实为主，抽象图案较少，同时在具象写实的基础上遵循了典型、美观、富于创意的造型规律。例如，公羊角纹样几何图案和忍冬纹的结合，在造型上显现了典型、美观的特征。从空间结构形式上看，以平视体构成为主，立视体构成为辅，旨在表现哈萨克族幸福、浪漫的民俗生活（表6-2）。

表6-2　角纹类图案的形成及应用

类别	纹样示例				
角类基础纹样	羊角	公羊角	独角	折角	盘羊角
角类单独纹样	原始角纹样	"四十"角	羚羊角	独角	羊角纹样
角纹样与蔓草纹样组合的单独纹样	单犄角纹样	断犄角纹样	盘羊角纹样		双犄角纹样
角纹类图案的形成及应用	羊角	公羊角		独角	盘羊角
角纹类纹样的变化					

特别值得一提的是，哈萨克族艺人将角纹样与蔓草纹样结合，创造出融会贯通的图案，显现了典型、美观的特征。

四、动物肢体和动物脚印类纹样与图案

动物肢体和动物脚印类图案来自动物外形、肢体、脚印和身体器官等，表示游牧的哈萨克人对生活的热爱。这类图案多与其他图案混合使用，如骆驼的驼颈图案是以弯曲的驼羔脖颈为基本图形，配以多重角纹，使图案看起来丰富又严谨；驼峰、双驼图案取材于一对相峙的骆驼，四峰相对，大气而富有表现；驼眼图案取材于骆驼眼睛，用在装饰的核心处，若用于装饰边缘则可循环使用，生动形象。而椎骨、胫骨类图案取材于动物的椎骨，多用于装饰骨器、木器和编织物等（表6-3）。

游牧在沙漠与绿洲之间的哈萨克族人对骆驼有着独特的感情。骆驼不仅是家畜，更重要的是交通运输工具，素称"沙漠之舟"，因此，骆驼及骆驼的足迹、驼峰、驼掌及驼颈都自然成了哈萨克民间艺术家创造图案的素材，极富美感。

狗尾巴图案源于游牧的哈萨克民族对生活细节的捕捉，哈萨克牧民几乎家家都养狗。狗的最大特点就是无论主人是贫是富，都对主人忠实，因此狗是人类最忠实的朋友。哈萨克民族使用这种图案有表示亲近、友谊的寓意。

脊椎古时候称作"龙骨"，它如同一条长龙，从上到下一段段串接而成，支撑着人或动物的身体。脊椎骨图案常用在男士的服装上，或男士器具物的装饰上，象征雄性刚强、坚毅与勇敢。

表6-3 动物肢体和脚印类纹样及其图案的形成与应用

类别	纹样示例					
动物肢体和脚印类基础纹样	驼峰	双驼峰	驼颈	驼羔眼	驼掌	鼠印
	椎骨1	椎骨2	齿链	马蹄印	狗尾巴	

类别	纹样示例			
动物肢体和脚印类单独纹样				
	骨骼与角纹样	双驼	骆驼脖子	花瓣与狼耳（叶子）
动物肢体和脚印类图案的形成及应用				
	狗尾巴	骨架	椎骨	鼠印
	骆驼掌	乌鸦迹	驼羔眼	中间骨

五、鸟与昆虫类纹样与图案

鸟与昆虫类图案表示哈萨克族人民渴望像小鸟一样自由飞翔，遵循大自然的平衡规律，看到这类图案人们会想象广阔的天空、辽阔的草原和青山绿水等美丽的自然景色。这类图案以鸟和昆虫类的翅膀、脚印等部分为题材，多用于装饰壁挂、金银首饰和毛毡制品。例如，蝴蝶图案取材于蝴蝶的翅膀，多用于装饰杂物袋、茶袋；鹅掌、双翼、燕子、鹰喙等图案，取材于飞禽、家禽，结构精巧、曲线优美、

表6-4　鸟、昆虫类纹样及其图案的形成与应用

类别	纹样示例			
鸟类、昆虫类基础纹样	鹅脖	鸟翅	蝴蝶	鸟上颚
鸟类单独纹样	燕子	鹰	乌鸦爪	鹰喙
	啄木鸟	鸟翅	天鹅	麻雀
鸟、昆虫类图案及应用				

构图富有表现力，多用于装饰金银首饰和木器（表6-4）。

山鹰是隼形目猛禽的典型代表，早在4000年前，哈萨克族祖先就有养鹰、驯鹰的习俗。山鹰眼神锐利，凶猛异常，从不会因为山的高度而停止前行，也不会因为暴风雨遮住眼睛而迷失方向，一跃飞天的模样气势磅礴，是天空的王者，苍天的霸主。山鹰在哈萨克族人的生活中占有极其重要的地位，哈萨克族祖先以鹰为尊，曾以山鹰作为氏族部落的图腾，希望自己的氏族部落像山鹰一样，涉险搏苍天，所向披靡，傲视苍穹，反映了哈萨克民族对英雄的敬仰和怀念，也表现了哈萨克族人民热爱生活、不怕困难、勇于同大自然作斗争的精神。

猫头鹰属鸮形目，因其面形似猫，故得名猫头鹰❶。哈萨克族人在结婚时，男方要送给女方猫头鹰羽毛，作为定情的信物，说明自己会像猫头鹰一样志向高远、不怕困难；姑娘的帽子上饰以猫头鹰羽毛，希望自己的眼睛像猫头鹰一样锐利，能分清是非、辨明敌我且勇敢坚定；赛马时把猫头鹰羽毛扎在马头上，希望马儿像猫头

---

❶ 猫头鹰：现在是国家二级保护动物。

鹰一样凶猛飞驰，获得全胜，实现久藏心中的愿望。

六、山水、植物纹样与图案

大自然是哈萨克族人民赖以生存的空间，自然而然哈萨克族人对其产生了特殊的感情。大自然的山水、星星、树木，飘逸的花草，天然的泉水等都是他们的最爱。清新明媚的大自然，使人想到美丽的哈萨克族姑娘婀娜的身姿和飘逸的荷叶裙裙摆。这类图案几何性强、立体感强、造型大方，用于各种装饰物（表6-5）。

表6-5　山水与植物类纹样及其图案的形成与应用

类别	纹样示例				
山水与植物基础纹样	漩涡	水波	连绵不断	星星	双圆
	百花	山脉	山脉	松树	松树
山水与植物独立纹样	三叶草	水波纹	雪莲花	五芒花	花朵
山水与植物类图案					

由于哈萨克人早期曾经信奉萨满教，萨满教就有崇拜大自然的传统，崇拜大自然的山山水水、草草木木，特别是在恶劣的生存环境中，更视植物为神圣之物，对

树木更为崇拜。在哈萨克族的神话里，就有这样一个故事：地球中心生长着一棵巨大的胡杨树，其顶伸入九层天，其根扎入九层地。胡杨树的每一片树叶均代表着一个人的生命，树叶萌发时，人出世，树叶生长，人也成长，树叶突然枯黄，人就将遭遇疾病和不幸，因此哈萨克人崇拜胡杨树，把它当成神树来爱护，因此广袤的草原和荒漠中才会有一片片生机勃发的胡杨林。

七、日常用品类纹样图案

日常用品类图案来自生活中所使用的各种工具，多见的有梳子、耳环、项链、剪刀、斧头等，从这些图案可以联想到现实中的物体。这类图案显示出朴实、真诚、善良的哈萨克族人民的时代生活或风土人情，也显露出哈萨克族妇女精巧的手工技艺和爱美之心。这些图案多用于装饰毛巾、地毯、箱包、毡房天架及围栏、固架绳、盖毡绳等制品（表6-6）。

表6-6 日常用品类纹样及其图案的形成与应用

类别	纹样示例				
日常用品类基础纹样	梳齿	梳齿	剪刀	项链	耳环
	拐杖	飘带	复合图案	双指	鱼钩
日常用品类单独纹样	项链		手杖		复合图案	四角图案
日常用品图案形成及应用	梳齿		手杖		中国结

八、几何与植物类纹样图案

在动物纹饰风靡于各种装饰性图案的同时，植物图案也在不断发展，这更多地受益于佛教美术的传播，为哈萨克族民间图案文化提供了丰厚的素材源泉。到公元8~9世纪以后，由于伊斯兰教在哈萨克族民众间的推广和普及，盛行的动物纹饰在图案中的应用渐弱，取而代之的是流行的几何图案和植物图案。

哈萨克族人将传统的图案通过变换和添加，发展为内容丰富、种类繁多、多姿多彩、千变万化的现有图案。哈萨克族民间图案独树一帜，有其独特的发展脉络，不仅有渊源，而且经过数个世纪的发展，充分融合了游牧部落民间图案之精华，形成了独特的民族艺术风格和艺术体系。

九、单独纹样

除了前述提及的一些基本纹样经过组合、再创造，形成的单独纹样外，还可以衍变出更多的样式，如图6-1、图6-2所示。其中图6-1的单独纹样普遍使用在图案的中心位置，是主体图形，在哈萨克族的帽子上最为常见，这些图案简练、概括地传达出植物的舒展与力度，表达哈萨克族人民对自然生命力的崇拜之情。在不同的物品上，哈萨克人所选择与设计的图案是不一样的，如地毯中是植物纹，在木制器皿上绘几何纹、日月纹和简单的花卉纹，在房屋的房檐上或大门的门头上是连续的花形纹或三角纹，木箱或木柜上是规则的几何纹。

同样的纹样在不同的民族、不同的地区，甚至同民族不同的人中都有不同的解释，这与当地民族的开放包容的性格有关，也与他们对生活的理解有关。

从前面介绍的哈萨克图案可以看出，哈萨克图案以写实为主，但又不是简单地照搬照画，而是在写实的基础上根据人的思维想象，进行了再创造，表现了哈萨克

图6-1　单独纹样

图6-2

图6-2　常见的单独纹样

人热爱大自然、热爱生活、追求美的心态以及活泼开朗的性格。

　　除了上述介绍的纹样外，还有五首纹样、摇篮首纹样、心形纹样、皱褶纹样、铲形纹样、九环纹样、麻花纹样、肩形纹样、双辫纹样、雁足纹样、禽翼纹样、禽鼻纹样、框形纹样、狗牙状纹样、狗肩形纹样、狐首形纹样、蛤蟆胸纹样、鱼肚形纹样、碗花纹样、旭日纹样、树叶形纹样、开叉掌纹样、乱麻形纹样、穗形纹样、钟穗形纹样、洗水壶形纹样等，其种类达一二百种。

　　哈萨克族图案是哈萨克民族最古老的绘画艺术生生不息的样本，是千百年来经过千锤百炼，一直传承到今天，并世世代代相传，独具魅力的珍贵宝藏文化艺术。

第三节　哈萨克族服饰装饰特征

　　民间美术源于对生活最直接的体察和感受，它的创作者及欣赏者都是普通劳动人民。这样一种定位决定了民间美术的表达内容和表现形式，决定了它离不开乡村田野，离不开寻常平凡的生活状态。从外部形式来看，民间美术的表现手法丰富多样、趣味十足；从精神品格来说，其总体呈现出质朴、稚拙、富于想象的美学特征。它来自民间、服务生活。其质朴、平易的审美意识可以说是与生俱来的，是民族性格、地域特色的自然流露。

一、审美质朴的特征

民间美术之所以动人，首先在于质朴。质朴也意味着简洁，省去不必要的细枝末节，突出重点，强调特征。其创造者和使用者与这些器物一样朴实、亲切、可靠、实在，这就是质朴的内在品质。民间美术的创作者往往是普通劳动者，他们大多淳朴、聪颖，其品格在与自然和社会的交流中自然流露出来，并渗入其民族艺术创作。哈萨克族民间美术的质朴特征正是劳动者将对事物朴素的认知融入民间美术创作之中而形成的。从新疆哈萨克民间极为丰富的美术形态中，人们可以感受到创作者的真诚和淳朴，这正是民间美术打动人的地方。

哈萨克族传统的生活方式以游牧为主。为便于骑乘牧畜，其服装较为宽大，帽子、头巾往往绣有花纹图案作为装饰。男子衣服常把图案绣在衣领和袖口；姑娘和少妇的连衣裙多用较为鲜艳的纯色如红色、绿色为基色，袖子、衣摆处绣以装饰花边图案，恰如盛开的花朵，意喻如花朵一样纯洁的心灵。哈萨克族妇女的头巾常用彩色绒布缝制，上饰金色绒线绣花和用珠子镶成的各种图案。哈萨克族服饰多以手工制作，在装饰上均采用天然材料，如珠子、玛瑙、羽毛等；在装饰图案上多用旋涡纹、花草纹、直线纹、几何纹等图案；颜色多为红、黄、白、蓝、绿等几种纯色。虽然这些装饰看似简单，有些甚至工艺粗糙、材料单一，但这正是哈萨克族民间工艺的特点之一。造型的简洁、淳厚，装饰图案的朴素、简单，体现了哈萨克族草原文化原生态的艺术气息，有着人类童年时期质朴与天真的特质。这些样式、材料、工艺的选择无不反映着哈萨克族人的自然主义情怀，无不体现着他们质朴的审美。

二、民俗化特征

不同的生活环境可形成不同的文化特征、人文气质。纵观整个草原游牧民族的历史，水草资源始终是游牧民族迁徙的动力。人们东西迁徙，带来了社会经济、文化的交流，形成了丰富灿烂的草原文化。哈萨克人生活在戈壁与高山之间的绿洲地带，他们随着季节更替，逐水草而迁徙，长期以来，严酷的生存环境培养了哈萨克人豁达的民族气质。在发展畜牧业的同时，哈萨克人也发展了各种民间美术。在历史发展中，特别是丝绸之路的开通，带来了经济、文化与宗教的交流和传播。哈萨克族民间美术的发展正是基于其游牧生活方式，体现出浓郁的草原气息，反映了其民族心理和民族审美情趣。任何民族的艺术都是在其赖以生存的地域环境和地域文化中孕育而生的。草原游牧以牧马、牛、羊为主，牧民面对的是蓝天白云、清水绿草，其审美必然离不开对生活场景和自然环境美的欣赏，所以哈萨克族民间美术的造型和纹饰带有浓郁的草原气息，其早期的民间美术造型和纹饰多表现植物纹样和动物纹样，颜色多为蓝、绿、白、黄等纯色。

在伊斯兰教传入新疆地区之前，哈萨克族早期信仰过萨满教，萨满教对哈萨克族民间美术的影响也较为深远。

随着伊斯兰教的传入，哈萨克族民间美术的装饰图案逐渐以几何纹、植物纹样为主，但在现在的民间美术作品中仍然可以看到早期萨满教中的动物、图腾纹样，如骆驼、鸟翼、马蹄等纹样。哈萨克族民间美术作品中广泛应用的传统图案有羊角纹、鹰纹、几何纹和软花纹等。这些装饰纹样往往与早期的图腾崇拜有着密切的关系，具有特定的象征意义。

哈萨克族民间美术图案的象征意义与民俗崇拜分不开，是对草原自然环境以民间美术的形式直接或间接进行反映，形成独特的民族民间艺术风格体系。哈萨克人通过一些抽象的、具象的自然形态事物，表现出不同的意境和形式美，表达了对自然的崇拜。哈萨克族刺绣图案题材丰富、寓意美好，构图突出对称、阴阳互补，这种讲究对称、规整、均衡的效果更显其民族性格的大气豪放、粗犷雄浑。

三、实用性与审美性的统一特征

民间美术的本质规律就是实用性与审美性的统一。民间美术对于大多数普通劳动人民来说，实用性是其首位。审美是依附于实用价值而存在的，是实用物品在使用场合和材料、工艺等条件下的美的表现。哈萨克族民间美术创作同样遵循实用与审美结合的原则。哈萨克族民间美术的发生、发展均与哈萨克人的生产和生活方式相伴。哈萨克族民间美术的主要特征之一是体现了实用性与审美性统一的原则。其民间美术总是和生产、生活中的一些实用器物联系在一起。

哈萨克族生活的天山以北地区，多为高原草场和山区地貌，四季非常鲜明，日照强烈。长时间在草原、戈壁的冷色环境中生活，哈萨克人因此偏爱鲜艳、明亮的色彩，以在色彩心理上取得平衡。他们会选择红色装饰毡房，在漫长的冬季，红色在心理上会起到抵御寒冷和调节单调生活的作用。

哈萨克族对植物纹样的使用，其价值在于表达特有的象征意义。其"逐水草迁徙，毋城郭常处耕田之业"的游牧生活方式使其对树木、花草有着直接或间接的需求，水草丰美的地方就是其家园。图案中的植物纹样寄托了其纯朴的思想：祈求永远生活在绿草如茵、百花盛开的地方。即使在今天，在伊犁地区定居的哈萨克族人仍然以绿色或蓝色的花纹图案装饰屋檐或门廊。

大量纹饰的运用体现出哈萨克族人对自然的感悟，本质上是结构的同型性，即生活方式和自然之间是相互对应的。美术表现与游牧生活带来的精神感受之间有着相同的情感表达。游牧的生产方式使哈萨克族人的生活具有不稳定性，祈求生活平安、表达美好诉求已然成为哈萨克族民间美术的一项重要任务。所以，哈萨克族民间美术特征之一是实用性和审美性的统一。

四、民族性、区域文化的相对独立性特征

哈萨克族民间美术的创造者和其他地域或民族的美术创造者一样，都是民族的普通劳动者。其群体中的任何个人都可以参与民间美术创作，也就是说，其整个民族是一个美术创作群体。他们关注的是本民族人普遍的生活状态，表现的是本民族共同的生活，所以具有共同的审美趣味，形成集体的审美体验和价值取向。对于以群体创作为主要方式的民间美术而言，所有的表达都源自传承的连续性。这种连续性在长期的历史延续中会孕育出自成体系的艺术语言，使哈萨克族民间美术的工艺技巧和艺术表现都呈现出浓郁的地域气息与鲜明的民族精神。出于对生活的认知，民间美术造型的质朴、色彩的奔放，不再仅仅是形式的需要，而是历史的延续和现实的需要，是对本民族历史的尊重、对传统习俗的传承和民族审美习惯的认同。哈萨克族民间美术的题材选择、表现内容以及表现手法往往具有广泛的趋同性和模式化的特点。刺绣、染织、雕刻、绘画等民间美术形式的艺术形象和创作表现手法都

具有诸多相似的方面，个体的创造是对整体风格的补充，不会从根本上改变原有的形式和内容，这是哈萨克族民间美术的创作模式。正是基于这样的创作模式，哈萨克族才得以保持其民间美术的传统，也正是传统的不断延续，才使哈萨克族民间美术具有其民族性和区域文化的相对独立性特征。

哈萨克族民间美术呈现出健康、充满生气、朴实而又纯真的劳动者本色。其艺术表现既服从于生活的需要，更是赞美生活的真切感受，这些民间美术形态植根于深厚的民俗文化土壤，经过长期传承形成了质朴浪漫、生趣盎然的艺术品性，体现了深厚的传统文化底蕴和民族精神气质。其民间美术所具有的审美品位与艺术境界尤其值得我们学习。

第七章
哈萨克族服饰文化与传统技艺的传承与发展

传统的民族服饰文化与技艺是非遗文化的重要组成部分，本章主要介绍与哈萨克族服饰文化有关的非物质文化遗产名录及部分传承人和作品，从材料、制作工艺、服装结构、装饰手法等方面展示了哈萨克族服饰文化与传统技艺的创新与发展。

第一节　哈萨克族服饰文化与传统技艺的保护与传承

哈萨克族非物质文化遗产是能够为哈萨克民族提供认同感的精神财富，也是哈萨克族先人在历史上留给后世的精神财富，它为后世哈萨克民族提供着持续发展的生存方式和生存经验。

非物质文化遗产国际范围内的保护，始于1989年联合国教科文组织在巴黎通过的《保护民间创作建议案》，文件中正式提出了对非物质文化遗产的保护，不过是以"民间创作"来代替"非物质文化遗产"。2001年，联合国教科文组织通过了《世界文化多样性宣言》，宣言中呼吁重视加强对非物质文化遗产的保护。

2003年通过了《保护非物质文化遗产公约》，这是迄今为止保护非物质文化遗产的最重要的文件。自此，非物质文化遗产的保护受到全世界的关注。我国自2001年昆曲名列第一批"人类口头与非物质遗产代表作名录"以来，特别是2006年至今，通过举办大型的非物质文化遗产保护成果展、推出第一批国家非物质文化遗产名录、确认第一批国家非物质文化遗产传承人、举办第一届非物质文化遗产节以及"文化遗产日"等一系列举措，使"非物质文化遗产"备受全社会关注。

一、国家级非物质文化遗产名录

根据2006年6月国务院公布的"第一批国家级非物质文化遗产名录"，非物质文化遗产的范畴可以具体分为10类：Ⅰ民间文学，Ⅱ传统音乐，Ⅲ民间舞蹈，Ⅳ传统戏剧，Ⅴ曲艺，Ⅵ杂技与竞技，Ⅶ民间美术，Ⅷ传统手工技艺，Ⅸ传统医药，Ⅹ民俗。

哈萨克族服饰文化与传统技艺主要属于Ⅶ民间美术、Ⅷ传统手工技艺、Ⅹ民俗。表7-1、表7-2为与纺织品相关的国家级以及自治区级非物质文化遗产代表性项目名录及部分传承人。

表7-1　国家级非物质文化遗产代表性项目名录（有关纺织服饰方面）

序号	项目编号	名称	类别	申报地区	入选批次
1	Ⅶ-83	哈萨克族毡绣和布绣	民间美术	新疆生产建设兵团农六师	第二批
2	Ⅷ-183	哈萨克族毡房营造技艺	传统技艺	新疆维吾尔自治区伊犁哈萨克自治州塔城地区文化馆	第二批
3	Ⅹ-118	哈萨克族服饰	民俗	新疆维吾尔自治区伊犁哈萨克自治州	第二批
4	Ⅷ-23	花毡、印花布织染技艺	传统技艺	新疆维吾尔自治区伊犁哈萨克自治州塔城地区	第二批扩展项目
5	Ⅶ-54	草编（哈萨克族芨芨草编织技艺）	民间美术	新疆维吾尔自治区托里县文化馆	第三批扩展项目

表7-2　国家级非物质文化遗产代表性项目代表性传承人（有关纺织服饰方面）

序号	姓名	性别	民族	项目类别	项目编码	项目名称	申报地区或单位
04-1838	木斯勒木江·恰尔甫汗	女	哈萨克族	传统技艺	Ⅷ-23	花毡、印花布织染技艺	新疆维吾尔自治区塔城地区
05-2654	赛勒汗·卡克木哈孜	女	哈萨克族	民间美术	Ⅶ-54	草编（哈萨克族芨芨草编织技艺）	新疆维吾尔自治区托里县
05-3053	金艾斯古丽·努尔坦阿肯	女	哈萨克族	民俗	Ⅹ-118	哈萨克族服饰	新疆维吾尔自治区伊犁哈萨克自治州

二、新疆维吾尔自治区级非物质文化遗产名录（表7-3、表7-4）

表7-3　新疆维吾尔自治区级非物质文化遗产名录及其扩展项目（有关纺织服饰方面）

序号	编号	名称	申报地区	项目类别	入选批次
1	Ⅶ-1	新疆哈萨克族民间图案文化	伊犁哈萨克自治州	民间美术	第一批

续表

序号	编号	名称	申报地区	项目类别	入选批次
2	Ⅶ-4	皮革编织技艺（哈萨克族）	布尔津县	传统手工技艺	第一批
3	Ⅶ-5	芨芨草编织技艺（哈萨克族）	托里县	传统手工技艺	第二批
4	Ⅶ-7	毛线编织技艺（哈萨克族）	托里县	传统手工技艺	第二批
5	Ⅶ-8	毡绣和布绣（哈萨克族）	吉木乃县、富蕴县 尼勒克县	传统手工技艺	第一批
6	Ⅶ-10	刺绣（哈萨克族）	巴里坤哈萨克自治县	民间美术	第三批
7	Ⅷ-15	哈萨克族开别尼克（毡类服装）	尼勒克县	传统手工技艺	第一批
8	Ⅷ-21	哈萨克族毡房制作技艺	塔城地区	传统手工技艺	第一批
9	Ⅷ-22	哈萨克族花毡制作技艺	昌吉市、乌苏市	传统手工技艺	第一批
			塔城地区		
10	Ⅷ-23	新疆哈萨克族服饰制作技艺	伊犁哈萨克自治州	传统手工技艺	第一批
		新疆哈萨克族服饰制作技艺（哈萨克族男女头饰）	青河县	传统手工技艺	第二批
11	Ⅷ-78	哈萨克皮革制品制作技艺	阿勒泰地区文化馆	传统手工技艺	第四批
12	Ⅷ-85	毛织物编织技艺	阿勒泰地区	传统手工技艺	第五批
13	Ⅷ-87	毛毡制作技艺	阿勒泰地区	传统手工技艺	第五批

表7-4 自治区级非物质文化遗产代表性项目代表性传承人（有关纺织服饰方面）

类别	编号	名称	申报地区	姓名	性别	出生年月
民间美术	Ⅶ-1	新疆哈萨克族民间图案文化	伊犁哈萨克自治州	苏力坦哈孜·伊斯坎德尔	男	1947.3
				加玛西·依曼哈孜	女	1965.5
				库丽拉	女	1969.6
				巴合提·玛高亚	女	1960
	Ⅶ-10	刺绣（哈萨克族）	巴里坤哈萨克自治县	哈拉木汉·恰米	女	1963.11

类别	编号	名称	申报地区	姓名	性别	出生年月
传统手工技艺	Ⅶ-4	皮革编织技艺（哈萨克族）	布尔津县	努尔德别克·吴拉扎汗	男	1967.9
				胡尔曼卡力普·毛力达什	男	1945.12
	Ⅶ-5	草编（哈萨克族芨芨草编织技艺）	托里县	赛勒汗·卡克木哈孜	女	1957.8
	Ⅶ-7	毛线编织技艺（哈萨克族）	托里县	巴比拉·阿合勒别克	女	1950.8
	Ⅶ-8	毡绣和布绣（哈萨克族）	吉木乃县	古丽扎提·木哈买提	女	1965.9
			尼勒克县	巴合夏古丽·胡安	女	1977.4
				沙尔山木汗·马克苏提	女	1962.2
			兵团农六师	阿瓦依	女	
				库拉西	女	
	Ⅷ-15	哈萨克族开别尼克（毡类服装）	尼勒克县	吐拉尔·阿西木	女	1958
	Ⅷ-21	哈萨克族毡房制作技艺	塔城地区	达列力汗·哈比地希	男	1955.10
				木合买提加尔·胡玛尔	男	1907.10
	Ⅷ-22	哈萨克族花毡制作技艺	塔城地区	木斯勒木江·恰尔甫汗	女	1952.4
				玛海·阿布扎尔	女	1961.8
			昌吉市	库力巴哈提	女	1958.12
			乌苏市	库丽卡	女	1962.11
			额敏	古丽尕娜	女	
	Ⅷ-23	新疆哈萨克族服饰制作技艺	伊犁哈萨克自治州	金艾斯古丽·努尔坦阿肯	女	1967.11
				夏木西哈玛尔·波拉提汗	女	1954.11
				吾尼尔汗	男	1958
		新疆哈萨克族服饰制作技艺（哈萨克族男女头饰）	青河县	孜亚提汗·阿依达尔汗	男	1957.12

类别	编号	名称	申报地区	姓名	性别	出生年月
民俗	X-26	哈萨克族婚俗	伊犁州文化艺术研究所	阿克帕尔·库代热	男	1952.7
				哈吾斯丽汗·哈木扎	女	1941.4

注 因资料非原始，表中有些传承人资料可能有漏误，请谅解。

三、部分哈萨克族传统服饰与纺织品技艺传承人介绍

① 孜亚提汗·阿依达尔汗

孜亚提汗·阿依达尔汗，女，哈萨克族，"哈萨克族男女头饰"自治区级代表性传承人，"哈萨克族服饰制作技艺"厅局级代表性传承人，"新疆孜雅提哈萨克服装有限公司"总经理，兼"新疆金绫美奂服饰有限公司""布尔津美丽峰民俗用品商贸有限公司"总设计师、董事长。

1957年12月出生，新疆阿勒泰地区布尔津县人。毕业于新疆艺术学院美术专业，曾公派赴哈萨克斯坦共和国国立大学攻读服装设计专业，主要从事舞台美术设计和舞台服装设计工作。曾任新疆维吾尔自治区美术家协会理事，伊犁哈萨克自治州美术家协会会员，被授予国家高级舞台美术设计师职称，是哈萨克族中唯一获得者。她曾经获得过三项"上海大世界吉尼斯世界纪录"和六项外观设计专利（图7-1）。

自从20世纪90年代起参加全国和新疆维吾尔自治区及地州市重大文艺汇演比赛中，获得的国家级、自治区级荣誉数不胜数。她设计制作的文艺汇演、话剧表演服装以及哈萨克族传统文化特色的服饰，在全国和疆内多次演出中深受业内外人士的好评，并在报纸、杂志、电台、电视台等新闻媒体曾多次作专访报道。曾荣获自治区三八红旗手荣誉称号。

② 麻里干·克德汗

麻里干·克德汗，知名民间传承人，1951年5月出生在新疆伊犁州特克斯县特克斯镇，从小兴趣爱好特别多，喜欢观察、探索，喜欢画画，爱好布贴、毛毡拼接等，她给我们介绍说：当别的孩子在外面追逐玩耍时，她总是一个人躲在家里，用身边随手可以拿到的工具画画。冬天在雪地里画妈妈的各种花毡、帷幔上的图案，夏天

图7-1　孜亚提汗·阿依达尔汗及其作品

看着优美的景色画羊、羊角、花草等。有一次，父母不在家，她把妈妈的一块很好的丝绸面料拿出来，照着家中帷幔上的图案用烧火棍在上面作画，父母回来后非常生气，但是当他们看到布面上逼真的野生盘羊造型后，觉得很神奇，气也消了。

从7岁开始正式跟母亲乌拉孜汗学习刺绣，到13~14岁时，她已经掌握了一二十种刺绣针法，技术娴熟，工艺精细。

麻里干的这些技能可以说是祖传的，她外祖母就是当地一位非常知名的既会画又会绣的妇女；外曾祖母，她妈妈的外祖母也是一位能工巧匠。外曾祖母有一个绰号叫"纯洁姑娘"，意思说她制作的东西不做作、特别接近大自然。比如，她制作的花毡给人的感觉好像是把大自然的花草拿过来直接放到上面一样。外曾祖母还会做一些装饰品，比如将一些造型独特的木头雕刻加工成工艺品，用奇石做项链等，看到的人没有不夸奖漂亮、好看的。

除了刺绣、画画，麻里干对手工织带、草编等所有哈萨克族传统手工艺类的东西都感兴趣。她的作品很有创意，从中既能看到外祖母、外曾祖母留下的东西，又能看到与时代紧密相连的东西。

麻里干14~15岁时嫁人，她的手艺便成为养家糊口的资本。随着名气渐渐变大，还有很多远方的客人慕名而来。她的作品也从单一的室内装饰的刺绣品开始变成衣服、帽子等。人们都说她没有不会的东西，而且做什么都做得特别到位。她的产品不拘泥传统，结合客人的特点进行创新。比如女孩的绣花帽"塔合亚"款式上有平顶、圆小顶、尖顶，两片、四片、五片等，上面绣的图案也是多样化，不重复；她给人们做的马甲裙有长/短款的、单/双排扣的、收腰/不收腰的等；做传统荷叶边/塔式连衣裙时，老人们的荷叶边只有一两层，而给姑娘们做的有好多层；在装饰风格上，年轻姑娘/媳妇的装饰多，色彩艳丽，中年妇女得体，老年妇女庄重。

70岁的麻里干对我们说，她最大的愿望就是希望自己能长寿，能够让更多的人欣赏到她的作品，像她的母亲、外祖母、外曾祖母一样，将这些手艺发扬、传承下去（图7-2）。

❸ 巴比拉·阿合勒别克

"哈萨克族毛线编织技艺"自治区级传承人，芨芨草编织技艺地区级代表性传承人。

巴比拉·阿合勒别克，女，哈萨克族，新疆塔城地区托里县乌雪特乡喀拉苏村村民，1950年8月生于当地一个牧民家中，在家乡学校里初中毕业。5~6岁开始就随母亲、奶奶学艺，凭着自己的天赋和巧手很快就掌握了长辈们的手艺。15岁就开始单独承担绣花、毡房陈设等手工艺活儿，还能熟皮子、制狐狸皮帽子、羊皮、狼皮大衣等皮制品，会用植物和矿物染料给畜皮、畜毛染色，是当地远近有名的巧手。

图7-2　麻里干·克德汗及其作品

哈萨克有一句俗语"能工巧匠的手艺是为大家的"。巴比拉经常给周围的牧民编织麻袋、马褡子、绳索等生活用品，帮助乡里的贫困户做衣服，缝缝补补，还为很多新娘家庭制毡房陈设，从未要过手工费，朴素的哈萨克民族历来都有互相帮助的好习惯。

巴比拉是一位为传承和发扬哈萨克民族毡房文化做出重大贡献的能工巧匠，她制作的毡房，在伊犁哈萨克族自治州第十三、第十四届阿肯阿依特斯活动中获得特别奖；在塔城地区第十六、第十七届阿肯阿依特斯活动评比毡房时她获得头奖，她的作品《哈萨克族芨芨草编织艺术》参加了2012年澳门内地春节习俗展，通过展览增进了澳门市民对新疆维吾尔自治区民族民间文化的认知，促进了内地与澳门的文化交流，2012年参加自治区第二届妇女手艺比赛活动，获得了三等奖，2018年她还参加了在内蒙古举办的"守望相助"——56个民族非物质文化遗产邀请展，为传承和发扬民族手工艺等非物质文化遗产做出了突出贡献（图7-3~图7-5）。

图7-3 巴比拉及其毡房作品
右边与中间的帷幔及她身下的坐垫都是手工刺绣产品，左边墙壁上挂的及屋顶的彩带都是用原始的织机编织的毛织品；地上是自制的花毡

图7-4 巴比拉与她的芨芨草编织产品

图7-5

图7-5　巴比拉的手工织带技艺及产品

❹ 金艾斯古丽·努尔坦阿肯

"哈萨克族服饰制作技艺"国家级、自治区级、州级代表性传承人，伊宁市塔斯布拉克民族服装有限责任公司董事长，致力于传承和保护非遗传统技艺，搜集、整理和撰写民间濒临失传的民俗、技艺，为哈萨克族非遗传统技艺培养后继人才力量。获得全国非遗保护工作先进个人、国家级"工匠精神"哈萨克族服饰金奖等荣誉称号（图7-6）。

金艾斯古丽·努尔坦阿肯，女，哈萨克族，本科学历，哈萨克族服饰制作技艺国家级代表性传承人、自治区级高级民间艺术师、自治区工艺美术大师、伊犁州民间文艺家学会副会长、伊犁州服装协会常务副会长、伊宁市第十六届政协委员。致力于传承和保护非遗传统技艺，搜集、整理和撰写民间濒临失传的民俗、技艺，为哈萨克族非遗传统技艺培养后继人才力量。获得全国非遗保护工作先进个人、国家级"工匠精神"哈萨克族服饰金奖等荣誉称号。

金艾斯古丽·努尔坦阿肯出生于新疆特克斯县哈萨克族的一个三代裁缝之家，1985年考入伊犁师范学院中文系，学习哈萨克语言文学。毕业后成为一名公务员。怀

图7-6　金艾斯古丽·努尔坦阿肯及其服饰作品

着对哈萨克民族服饰难以割舍的感情和弘扬本民族文化的决心，1998年她毅然辞职，开始从事中国哈萨克族服装的制作，1999年她设计制作的第一批32套民族服装，在伊犁州阿肯弹唱会上获得了服装项目类一等奖。截至目前，金艾斯古丽·努尔坦阿肯已经设计制作了哈萨克民族服饰430多件/套，是哈萨克族服饰国家级非遗传承人。

在制作服装的过程中，金艾斯古丽慢慢注意到了哈萨克的毡房文化。"毡房文化体现出哈萨克族古代的居住模式和建筑风格，包含民族的风俗习惯，这是一个新的研究领域，它们与服饰一样，都是民族文化的一部分。"金艾斯古丽说。于是，在经营民族服装的同时，她又创办了一家毡房制作公司，已经研发制作了具有传统特色的哈萨克毡房22种（图7-7）。

⑤ 苏力坦哈孜·伊斯坎德尔

苏力坦哈孜·伊斯坎德尔，男，哈萨克族，大专学历。"新疆哈萨克民间图案"自治区级、州级代表性传承人，"哈萨克族库布孜艺术"伊犁州级传承人（注："库布孜"一种非常古老的乐器，是哈萨克民族拉奏乐器的代表），原伊犁地区歌舞团书记，团长（图7-8）。

1947年3月出生于伊犁哈萨克自治州霍城县萨尔布拉克镇手工艺人家庭。从小被父亲精湛的木匠手艺和母亲的民族图案画、刺绣技艺、服装裁剪手艺熏陶，苏力

图7-7 金艾斯古丽·努尔坦阿肯及其毡房文化作品

坦哈孜对哈萨克族所有的手工艺都有浓厚的兴趣。

　　在担任伊犁地区歌舞团团长期间，该团所有服装款式、服饰图案，整套的哈萨克民族乐器都由他一手主持完成，通过各类大型文艺演出向国内外观众展示哈萨克族的这些非遗文化。此外，他还在非遗论坛、电视台以及一些中小学中讲座示范，为哈萨克民族的非遗文化传承做出贡献。

　　由苏力坦哈孜·伊斯坎德尔研制、改进的哈萨克族失传的古典弹拨、打击、吹

图7-8 苏力坦哈孜·伊斯坎德尔

奏、拉奏乐器达30多种，在伊犁州博物馆、甘肃省阿克塞哈萨克自治县民俗博物馆、伊犁丝绸之路博物馆等博物馆都有收藏陈列，这些古典乐器在全疆及哈萨克斯坦部分演艺团体和专业培训院校中广泛使用，编写的《哈萨克民族乐器》一书被汉、哈双文发行，是伊犁州哈萨克民间音乐保护传承的"先进个人"。

❻ 再娜普汗·库尔班

再娜普汗·库尔班，知名民间传承人，新疆昌吉州吉木萨尔县北庭叶家村（哈萨克民族聚居村）一位心灵手巧的妇女，60多岁。她家里一眼望去都是她亲自制作的非遗产品：墙上挂的是土法鞣制的狐狸皮，自制的镶银皮带、马具与绣花挂饰；炕上铺的是自制的绣花毡、自己鞣制的羊皮坐垫，被子上放的是绣花枕头，炕上还有正在为乡邻制作的三叶型皮帽"图马克"。她还给我们详细介绍了皮帽与皮衣从鞣制、镶拼到缝纫制作的工艺全过程，她是新疆众多民间非遗传承人的一个典型代表（图7-9）。❶

图7-9

---

❶ 最上图为本书作者与再娜普汗·库尔班（前排中）的合影。

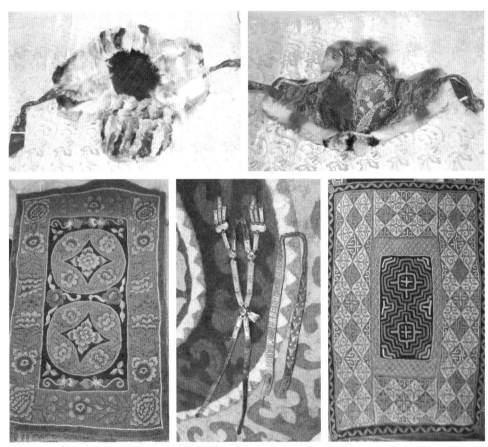

图 7-9　再娜普汗·库尔班及其作品

❼ 巴合夏古丽·胡安

巴合夏古丽·胡安，女，哈萨克族，"哈萨克族毡绣和布绣"自治区级代表性传承人，新疆尼勒克县柯塞绣民族刺绣厂厂长，高级技师，中国共产党党员（图 7-10）。

1977 年 4 月出生于尼勒克县喀拉苏乡赛普勒村，1993~1996 年尼勒克县一中高中毕业；1996~1998 年待业；1998 年 9 月在新疆民族服装设计学院学习；1998 年在喀拉苏乡开刺绣店；2004 年成立柯塞绣民族刺绣厂并担任厂长，注册了代表哈萨克刺绣特点的"柯塞绣"商标；2007 年被全国妇联评选为"全国十大流通农产品女经纪人"。2008 年荣获伊犁哈萨克自治州（第五届）十大杰出青年时获"女经纪人"称号，参加了新疆维吾尔自治区妇女第十次代表大会，同年获"全国十大农产品流通女经纪人"称号，还获得了中国农产品流通经纪人协会会员证；2009 年获得全国三八红旗手和女能手称号，成为自治区百名先进妇女典型代表；2011 年获得自治区

图7-10 巴合夏古丽·胡安和她的姐妹们

民族团结模范个人，6月在新疆传统工艺美术传承与创新大展赛中，荣获二等奖；2012年尼勒克县万名"柯赛绣"绣娘同创吉尼斯世界纪录。

⑧ 加玛西·依曼哈孜

加玛西·依曼哈孜，女，"哈萨克族民间图案文化"自治区级、州级代表性传承人，喀拉托别乡巾帼刺绣专业合作社社长，荣获"新疆传统技艺手奖"等技能比赛大奖（图7-11）。

1965年5月出生在新疆伊犁州尼勒克县喀拉托别乡一个贫困家庭，高中毕业后，跟随母亲学习民族刺绣工艺，经过八年的学习，学到了民族刺绣的精华。1990年开始以手工刺绣创业，在自己的辛勤劳动和政府的帮助下建立刺绣基地，基地设有钩绣、平针绣、珠子绣、十字绣、贴花绣、编织、木工等加工车间、展厅、培训教室、设计室、办公室等，制作产品主要有具有民族特色的壁挂、花毡、花褥、靠垫、服饰、花帽、坎肩、家庭装饰品、旅游纪念品等。

为了使尼勒克县喀拉托别乡的民族刺绣手工艺上档次、有市场，加玛西在县妇联的帮助下，将零散的生产户集中到民族刺绣基地来进行培训，提供产前、产中和产后的各种服务，形成了"企业+基地+协会+农户"的产业发展模式，通过信息引

图7-11　加玛西·依曼哈孜和她的员工

导、技术服务、联系订单、宣传促销等措施，提升旅游产品档次，有效增加了贫困
农牧民家庭收入。

⑨ 沙尔山汗·马克苏提

沙尔山汗·马克苏提，女，哈萨克族，"哈萨克族毡绣和布绣"自治区级、州级
代表性传承人，伊犁瑞丰职业技能培训中心和尼兴职业技术培训中心职业技能培训
教师，中国共产党党员（图7-12）。

1962年2月12日出生于伊犁州尼勒克县喀拉苏乡库孜巴斯村，曾任乡村教师，
1998年在喀拉苏乡开刺绣店，后加入柯赛绣民族刺绣厂，注册了"柯赛绣"商标。
多次获得伊犁哈萨克州、尼勒克县及喀拉苏乡优秀党员、先进个人和优秀刺绣能手
等荣誉称号，2012年尼勒克县万名"柯赛绣"绣娘同创吉尼斯世界纪录的技术指导
者与主要参与者。

⑩ 赛勒汗·卡克木哈孜

赛勒汗·卡克木哈孜，女，哈萨克族，1957年8月出生，新疆托里县人，"哈萨

图7-12 沙尔山汗·马克苏提及其作品

克族芨芨草编织技艺"国家级、自治区级代表性传承人。2012年，到北京参加了由文化部举办的"2012年元宵节中国非物质文化遗产生产性保护成果展"，在这次展览中她的一件作品被中国美术馆收藏。

赛勒汗·卡克木哈孜自幼跟随其母麦迪·霍善泰学艺，几十年没有间断过，靠着编织芨芨草，她将5个孩子抚养成人。她不仅自己编织，还带着子女及邻居家的妇女们制作，主动联系当地的中小学，在学生们的业余课堂时间传授哈萨克族芨芨草编织技艺。赛勒汗·卡克木哈孜介绍说，制作一件2.5米长的芨芨草作品，需要2个多月的时间，现在她制作的芨芨草作品主要用来展览和收藏（图7-13）。

图7-13　赛勒汗·卡克木哈孜及其作品

如今，像她一样能熟练制作芨芨草的人已经不多了。随着哈萨克人从游牧转向定居，芨芨草制品已经离人们的生活越来越远。

⑪ 木斯勒木江·恰尔甫汗

木斯勒木江·恰尔甫汗，女，哈萨克族，1952年4月生，"哈萨克族花毡制作技艺"国家级、自治区级代表性传承人（图7-14）。

托里县是个哈萨克族聚居的小县城，木斯勒木江·恰尔甫汗是当地有名的手工艺人、诗人和作家。她制作的花毡，给人以强烈的视觉冲击。花毡构图采用几何对称图形作中心主图案，四周配以对称羊角变形花纹，大气豪放又不失柔美。花毡使用色彩大胆，在一张花毡上能同时出现七八种颜色，绚丽夺目。

⑫ 玛海·阿布扎尔

玛海·阿布扎尔，女，哈萨克族，1961年8月生，"哈萨克族花毡制作技艺"自治区级代表性传承人（图7-15）。

图7-14　木斯勒木江·恰尔甫汗　　图7-15　玛海（左）、木斯勒木江（中）和赛勒汗（右）

玛海和多数的哈萨克族妇女一样手巧，善于制作花毡、刺绣等民族手工艺品。1982年，玛海开了一家小裁缝店，因为手艺好，经常有人过来跟她学艺。后来她索性在托里县办起了学艺班，教授当地的哈萨克族家庭妇女制作民族手工艺品，她们在各种绒料、绸缎、皮革和毛毡上挑花、刺花、贴花、补花、钩花。靠着这些手艺很多学员从事个体经营，先后脱贫致富。

玛海·阿布扎尔是塔城地区远近闻名的女强人，被誉为托里县第一个吃螃蟹的哈萨克族女商人。哈萨克族的许多生活用品，如挂毯、箱套、窗帘、门帘、被褥罩单等，都是哈萨克族女子大显技艺的地方。这些技艺不仅增加了家庭收入，还使传统技艺得到传承。

有人在玛海的手工艺品制作中心定制产品后，玛海就将活儿分派给为她工作的妇女们。她们在家做好之后再送过来。玛海的身份更像是一个小工厂主。如今她们制作的物品有挂毯、服饰、床上用品、手工编织包、鞋类、鞋垫等20余个品种。

⑬ 阿汉·加合亚

新疆作家协会、新疆民间艺术家协会会员，新疆哈萨克文化学会理事、《博格达》杂志编委。政协木垒哈萨克自治县委员会哈萨克文编辑委员会编辑，木垒县文联副主席。

阿汉·加合亚，1962年6月30日出生于木垒县大石头乡乌宗布拉克一普通牧民家中。他主要研究哈萨克民族语言文学、人类文化、历史文化、民俗文化和社会文化等。2011年，撰写的《哈萨克民族刺绣及其艺术价值初探》（哈、汉两种语言）论文在全国创新杯教科论文大赛评选中荣获一等奖。撰写的《哈萨克族刺绣》被列入国家民族文字出版专项资金资助项目，即将出版发行。

此外，编写了哈萨克族民间文学——《木垒三卷》《哈萨克婚育文化》等十余本各类图书。发表诗歌1200余首，论文60余篇，近40篇歌词、30篇长篇诗歌，近20个小品或广播剧本，几篇短篇小说及中篇小说，作品多次获奖。撰写了80余篇有关教育教学、补充各类教科本书内容的文章、论文，其中3篇论文被纳入新编《现代哈萨克语法》教材中，填补了相关内容的空白（图7-16）。

图7-16　阿汉·加合亚

⑭ 巴哈提·阿力布拉提

精河县文化馆一名工作人员，也是博尔塔拉蒙古自治州文化艺术家协会会员，哈萨克民族非物质文化研究者（图7-17）。

　　巴哈提·阿力布拉提，男，出生在一个普通的哈萨克族家庭，母亲心灵手巧，善于各种手工活计，父亲写一手好字，受父母的熏陶，自幼喜欢书画。

　　巴哈提·阿力布拉提30多年从事非物质文化研究，收集、整理了4000多幅哈萨克族传统图案，独立编纂、出版了精装《哈萨克传统图案》（2006年新疆青少年出版社发行），该书中同时以哈文、汉文、英文、俄文标注，受到国内外社会各界的好评。

　　巴哈提·阿力布拉提重视民间艺术队伍的培养。积极发现辅导培养民间艺人，先后培养了一大批优秀的民间文化传承人，通过各种渠道，培训了一批基层文化工作骨干，也培养了一批民间艺术的传承人，为哈萨克民间艺术的传承发挥了积极作用，有力地推动了民间文化的传播和发展。他收集、整理的图案艺术广泛用于地毯编织行业，作品投放市场后获得了国内外客户的认可。

图7-17　巴哈提·阿力布拉提

　　⑮ 巴合提江·马那提

　　巴合提江·马那提，女，哈萨克族，高中学历，1981年8月出生于新疆青河县，青河县蝶美吾服装制造有限公司法人代表，新疆工艺美术大师，哈萨克民族服饰文化新一代的非遗传承人（图7-18）。

　　巴合提江·马那提积极创新创业，带领群众脱贫致富，曾获"创客中国"新疆创新创业大赛优秀奖，被评为自治区级"城乡妇女岗位建功先进个人"，阿勒泰地区"农村科技致富女能手"、获得阿勒泰地区第四届青年创新创业大赛冠军，青河县青年创业大赛一等奖等。

　图7-18　巴合提江·马那提及其作品

巴合提江·马那提在服装服饰设计制作上取得不菲的成绩，获得过新疆女性"靓丽工程"服装设计大赛最佳视觉奖，新疆第四届妇女巧手展示大赛最具市场潜力奖，新疆工艺美术精品大奖赛"新艺杯"优秀奖；获得"靓丽阿勒泰"民族服装设计制作大赛三等奖，在阿勒泰地区第二届至第四届农牧产品展销会获得现代民族服装设计大赛二等奖1次、三等奖2次；在阿勒泰地区与伊犁州阿肯阿依特斯大会民族服饰评比中分别荣获二等奖与一等奖各1次；在青河县文化艺术节与阿肯阿依特斯文化旅游节上也多次获奖。

此外，2017年在第52届全国工艺品交易会上荣获"金凤凰"创新产品设计大奖赛铜奖。

第二节　哈萨克族服饰文化与传统技艺的创新与发展

一、纺织材料

过去一般选用毛皮、棉织物、真丝织物和各类毛制品，而现在有较大的变化。

❶ 毛皮材料

在毛皮类服装上，过去所用的材料高档的有马鹿皮、狐狸皮、水獭皮等，中档的有狼皮、卷毛羊羔皮、马驹皮、狗皮、骆驼皮等，低档的主要是老羊皮。现在马鹿皮、狼皮、马驹皮、狗皮这些材料在服饰中已经不见踪影了。因为马鹿是国家二级保护动物而被禁止捕杀，狼也是国家保护动物；另外，马驹皮、狗皮、狼皮这些材料与现代服装材料比较过于厚重，穿着不方便。目前仍在使用的毛皮类材料多为各类羊皮，以涤纶海岛纤维为原料的仿鹿皮及其他各种人造毛皮、合成皮革等得到广泛应用。

❷ 织物材料

在织物材料上最初基本都是各类毛织物，近代开始逐渐加入棉织物、各类丝绸织物及化纤面料。现在棉织物主要为内衣与婴幼儿服装面料；真丝面料虽然仍有使用，但数量更多的是各种新型化纤仿丝绸面料；毛织面料主要用于各类时装，出现在民族服装中的多为各种各样的化纤织物。各种新型化纤面料与传统天然纤维面料相比，具有抗皱、免烫、保型好，色泽靓丽、不褪色，性价比高等特点。

过去男装最普遍的用料是棉质黑条绒/咖啡色条绒、线呢、毛华达呢之类，现在除了毛、毛混纺呢绒外，还有更多各种各样的化纤面料。

女装过去平时多用各种染色、印花棉布，节假日则选择白、红、绿、淡蓝等艳丽色的各类锦缎、天鹅绒等丝绸为原料制作连衣裙，秋冬季选择毛织品制作衣裙，现在纯棉面料的衣裙已经很少看到，丝绸类连衣裙除了真丝面料外，更多看到的是各种化纤仿真丝面料，涤纶面料被大量使用。

外面套黑色、红色、蓝色或墨绿色的或长或短的背心。背心过去多选用金丝绒、平绒面料，现在还有天鹅绒以及其他各种涤纶针织绒面料。

❸ 非织材料

毛毡作为游牧民族的一大发明在新疆有着悠久的历史，哈萨克人对毛毡的热爱与当地的地理环境、民族喜好、生活习惯、文化内涵息息相关。数千年来，毡制品在他们的生活中不可缺失，从毡房、到居家用室内装饰品，从毡帽、毡衣到毡靴，生活中无处不在，但在近现代它们也有了很大变化，大量的工业毡被应用。

❹ 服装辅料

除了面料以外的服装材料都可以称为服装辅料，包括里料、衬料、填料、线带类材料、紧扣类材料、装饰材料等。

衬料是衬托在服装某一部分里面的材料，是一类重要的服装辅料。在服装的造型中，它起着支撑和衬托的作用，并使服装的造型和结构得到加固和稳定；同时，可使服装对人体起着修饰的作用，进一步增加服装的美感。哈萨克传统衬料为毛毡、棉布衬、马尾衬等，现在各种新型的黏合衬、树脂衬、海绵衬、泡沫垫料等，不仅使服装轻便，且造型优美。

二、装饰手法与应用

近两年的时装周发布会上多出现用钉珠、镂空等方式装饰服饰，各种颜色的珠片和水晶钻拼接出传统的民族图案，颜色或艳丽、或质朴；而镂空装饰营造出虚实相间的神秘美感，用现在的装饰方式演绎传统民族图案，在保留了传统民族文化魅力的同时，也展现了现代服饰的独特魅力和奢华之美。

机械刺绣、电脑刺绣，镶绲技术，镂空雕塑，缎带、蕾丝面料、裙撑的应用以及面料再造等传统与现代服饰装饰手法的应用，使哈萨克民族服饰更为精美多样。

在刺绣工艺与产品上以木垒哈萨克自治县为代表，引进金丝绣等新技术与工艺，采用电脑刺绣与手工刺绣结合，开发出以新疆戈壁胡杨风格为主，囊括不同风格的地方风景、人物图案、旅游景点画的系列产品，使刺绣产品从原有的家庭实用类向收藏观赏类发展。

三、服装款式

款式是构成服饰的要素之一。它与衣料、色彩并驾齐驱，成为研究服饰文化的一个重要侧面。哈萨克族的服饰不仅在材料与装饰手法上有变化，更重要的是款式也发生了巨大变化。

首先，宽松肥大的袍服类服装在日常生活中越来越少，除乡村一些老年妇女还有个别穿戴外，日常生活中已经看不到它的踪影，取而代之的是裁剪合体的各式大衣、羽绒服及其他轻便保暖的长短外套。

其次，在其他服装中除了传统的对襟、套头款式外，更多的斜裁、立体裁剪被应用，尺寸合体、省道的普遍应用，使得服装更加修身、立体。

再次，过去由于惜布的原因，在裁剪时候为减少面料的浪费而常有的"正裁斜拼""拼接裁剪""以折代剪"等裁剪方式已经不见，在面料的拼接工艺中出发点也从物尽其用到以美为主，公主线、省道等的应用，使服装更为美观。

最后，整体服装风格也发生了很大的改变，民族的、时尚的交替流行，互相融合，显示出哈萨克民族与时俱进的爱美之心。

四、创新案例

（一）毡制品

新疆传统毡制品已经与现代工业融合，用质地轻薄、呢面细腻、可机绣的工业毡开发的毡帽、毡靴、毡衣已经成为21世纪新疆少数民族服饰文化的新宠，用现代工业毡结合传统手工毡开发的花毡既保持了传统花毡防潮保暖的功效，又以不掉色、质地轻薄细腻、产品经久耐用，且生产效率大幅提升等特性深受牧区人们的喜爱。

❶ 毡帽

毡帽从古至今一直是哈萨克族男子最爱的帽饰之一，21世纪，随着工业毡的大量出现，人们开始用工业毡来制作毡帽，用工业毡制作的毡帽除保持原有传统手工毡帽具有的保暖防雨等特点以外，还具有质地轻薄、可机绣、呢面细腻、造型更为挺阔、纹样更为精细，并且四季皆可佩戴的优点，受到哈萨克人青睐，因此现在翻檐白毡帽"阿克卡尔帕克"基本都用工业毡制作，还出现了用工业毡机绣生产男式绣花帽"塔克亚"（图7-19）。

（a）翻檐白毡帽（阿克卡尔帕克）　　　　（b）绣花帽（塔克亚）

图7-19　工业毡制作的男式帽

❷ 毡衣

哈萨克人称"柯比尼克"，是古代用毛毡制作的毡披风，可以作为雨衣，曾经是保护骑行人抵御风、雪、雨的最好服装，进入现代曾消失了近百年。

毡衣也称毡袄，厚实，从衣身到衣袖是一个有机的整体，并且表面光滑。但是因为过度平整挺阔并且厚实，衣袖要随着手臂弯曲，也得费点劲儿。毡衣还会从袖口、襟底钻进冷风来，当地人说："穿上毡袄是个过风洞。"但是毡衣的妙用不在保暖，而是在于防雨。潮湿多雨季节，毡袄就成为哈萨克牧民必不可少的雨衣。据一位老牧民说，毡衣的防雨性之好，在大雨中淋上一夜也不会被淋透的。只是毡衣越淋越变得挺阔僵硬，人骑在马上像被装在硬壳里，要扬鞭赶马得费点劲儿。随着时代的进步，羽绒服、雨衣等的出现替代了毡衣作为保暖、防雨的服装，传统毡袄慢慢消失。但到21世纪随着大量轻薄细腻的工业毡出现，出于对白毡与生俱来的爱好，哈萨克民族用工业毡做毡衣成为现今哈萨克民族服饰的一个组成部分。相对于传统毡衣，现代毡衣不但具有防风防雨、保暖等传统毡衣所有优点，利用工业毡质地薄且可机缝的特点，可做出更符合人体的毡衣，款式上也可有更多的变化，制成极具民族特色、多样的服装，纹样也可更加精美细致（图7-20）。

图7-20　工业毡制品

❸ 毡靴袜

近30~50年，由于出现了更为保暖轻盈且行动方便的鞋子，即便是在边远牧区人民也开始慢慢放弃了传统毡靴。然而，随着牧区旅游业的发展以及工业毡带来的便利，人们开始采用新工艺、新材料来制作毡靴，如染色松结构❶毛毡靴/鞋以及工业毡等，其质地更舒适且柔软、方便运动，可在寒冬作为家居鞋或儿童鞋靴，且为来到牧区的游客提供了多样的旅游纪念品选择（图7-21）。

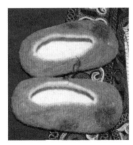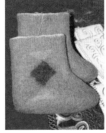

（a）松结构儿童毡窝窝　　（b）松结构儿童毡靴　　（c）工业毡室内靴/袜　　（d）工业毡袜＋松结构毡窝窝

图7-21　毡靴袜

---

❶　松结构毡靴袜也是传统的，但是松结构容易磨损，在物资匮乏年代不易见到。

❹ 花毡

随着时代的进步，制毡工艺的不断改进，现代工业毡也被人们用来做成各式各样的室内装饰品。

由于花毡多为双层，分为底层与表层，在农牧区现代花毡一般将厚实的传统羊毛毡作为底层，表层采用工业毡镶拼、绣花，缝纫机缝制。这样一来，做出的毡毯不仅具有传统毡制品保暖防潮等特性，更具不易褪色、掉毛、质地细腻、可机缝绣、经久耐用、纹样对称更精美等特点，大大提升了其综合性能，且价格便宜；而在取暖条件较好的城市，一些现代花毡的底层与表层都用工业毡制作，这样更加轻便，并且不会被虫蛀（图7-22~图7-24）。

另外，采用回收聚酯材料制成的非织造布、结合大型数码喷印技术生产的地毡也成为中低档毡制品的替代品。

新疆传统毡制品已经与现代工业融合，用质地轻薄、呢面细腻、可机绣的工业毡开发的毡帽、毡靴、毡衣已经成为21世纪哈萨克民族服饰文化的新宠，用现代工业毡结合传统手工毡开发的花毡既保持了传统花毡防潮保暖的功效，又以不掉色、

图7-22　大型花毡（材料工业毡）

图7-23　现代嵌花毡❶

图7-24　现代花毡生产车间

❶　表面毡为工业毡，机缝绣，底毡为工业毡/传统毛毡。

质地轻薄细腻、产品经久耐用，且生产效率大幅提升等特性深受牧区人们的喜爱。

（二）皮制品

❶ 皮衣与皮帽

由于气候变暖、城镇化加速、乡乡通公路以及汽车、摩托车的普及，传统的斜襟、袖长过指、长度过膝、下摆开衩、厚重的老羊皮大衣等传统皮衣已经不能跟上时代的步伐而被淘汰，退出了日常生活。相对轻便的小羊皮大衣仍有市场，但其款式已经现代化，对襟取代了斜对襟，袖长也从过手指缩短到过手腕，各种染色、轧花等新型皮革工艺使古老的皮衣增添了现代时尚感，马鹿皮也由人造翻毛皮产品代替，既环保又轻便，价格还亲民，皮帽的款式与材料也多元化了（图7-25）。

图7-25　各式现代皮革/毛革服装与皮帽

❷ 皮靴/皮鞋

皮鞋/皮靴也在与时俱进，结构上更加符合人体工学，款式上更加多元化，尤其是女式及时尚小青年的皮鞋/皮靴，各种新型染色、轧花皮革被应用，时尚而有个性（图7-26）。

图7-26 各式皮靴/皮鞋

（三）皮制品

传统的哈萨克民族刺绣总体来说还是比较古拙，题材风格也有限，针对这一特
点，近年来他们将传统哈萨克刺绣与苏绣、金丝绣、广绣以及计算机辅助设计相结
合，推新了技法，如胡杨绣的"风景画和人物画"，形成了新的特色风格。

参考文献

［1］苏北海. 哈萨克族文化史［M］. 乌鲁木齐：新疆大学出版社，1989.

［2］《新疆哈萨克族迁徙史》编写组. 新疆哈萨克族迁徙史［M］. 乌鲁木齐：新疆大学出版社，1993.

［3］姜崇仑，等. 哈萨克族历史与文化［M］. 乌鲁木齐：新疆人民出版社，1997.

［4］徐红，陈龙，殷福兰. 西域美术全集 5·服饰卷［M］. 天津：天津人民出版社，2016.

［5］夏木斯. 哈萨克服装文化（哈萨克文）［M］. 乌鲁木齐：新疆美术摄影出版社，2011.

［6］阿布德加列里·沃拉孜拜. 哈萨克族服装服饰（哈萨克文）［M］. 奎屯：伊犁人民出版社，2006.

［7］尼合迈德·蒙加尼. 哈萨克族简史（哈萨克文）［M］. 乌鲁木齐：新疆人民出版社，1986.

［8］迪里肉孜·迪里夏提，肖爱民，徐红. 新疆地区毡制品的演变［J］. 丝绸，2020，57（10）：95-99.

［9］陈维稷. 中国纺织科学技术史（古代部分）［M］. 北京：科学出版社，1984：389.

［10］巴格拉. 哈萨克族的印记［J］. 中国民族，2009（8）：48-49.

［11］耿世民. 哈萨克文化述略［J］. 伊犁师范学院学报（社会科学版），2009（3）：3-7.

［12］《哈萨克族简史》编写组. 哈萨克族简史［M］. 北京：民族出版社，2008.

［13］李文瑛，康晓静. 新疆青铜时代服饰研究［J］. 艺术设计研究，2014（1）：69-78.

［14］新疆维吾尔自治区博物馆. 古代西域服饰撷萃［M］. 北京：文物出版社，2010.

［15］新疆维吾尔自治区文物局. 丝路瑰宝［M］. 乌鲁木齐：新疆人民出版社，2011.

［16］岳峰. 新疆历史文明集萃［M］. 乌鲁木齐：新疆美术摄影出版社，2009.

［17］哈列力·阿里克尼那克. 哈萨克民间艺术（哈萨克文）［M］. 阿拉木图：工艺技术出版社，1989.

［18］马尔古澜. 哈萨克民间实用艺术：第 2 册（俄文）［M］. 阿拉木图：工艺技术出版

社，1987.

［19］卢静. 浅谈新疆哈萨克族柯赛绣的艺术特色［J］. 美与时代（上），2014（11）：105-107.

［20］努尔夏特. 哈萨克族民间刺绣与刺绣艺人［J］. 新疆艺术，1995（6）：39-40.

［21］夏鑫，徐红. 富有民族特色的新疆刺绣［C］//色彩科学应用与发展：中国科协2005
    年学术年会论文集. 北京：中国科学技术出版社，2005：102-105.

［22］徐红，赛娜娃尔，玛依拉. 新疆民间制毡［J］. 毛纺科技，2005（8）：51-54.

［23］夏鑫，徐红，玛依拉. 新疆花毡［J］. 新疆大学学报（自然科学版），2005，22（4）：
    499-502.

［24］贾艳，闫飞. 论新疆哈萨克族毡房的人居文化观［J］. 学术论坛，2014，37（9）：
    148-151.

［25］巴哈提·阿力布拉提. 哈萨克传统图案（哈萨克文）［M］. 乌鲁木齐：新疆青少年
    出版社，2006.

［26］阿斯力汗·巴根. 哈萨克毡房文化（哈萨克文）［M］. 乌鲁木齐：新疆青少年出版社，
    2001.

［27］沃热勒拜·阿合买提. 哈萨克民间手工艺（哈萨克文）［M］. 乌鲁木齐：新疆青少年
    出版社，1996.

［28］高汉玉，周启澄，金鼜兰. 中国刺绣针法起源研究［J］. 中国纺织大学学报，1998
    （3）：20-23.

［29］李安宁. 新疆民族民间美术［M］. 乌鲁木齐：新疆人民出版社，2006.

［30］徐红，巴力登. 浅析西域民族服饰中的尚黑崇白［C］//色彩科学应用与发展：中国
    科协2005年学术年会论文集. 北京：中国科学技术出版社，2005：109-112.

［31］饶蕾，徐红. 浅论伊斯兰风格的服饰图案与色彩［J］. 江苏丝绸，2010，39（1）：
    46-47.

［32］中国非物质文化遗产网［OL］. http：//www. ihchina. cn/project. html.

［33］新疆非物质文化遗产［OL］. https：//weibo. com/u/1735121742？is_all=1.

［34］巴哈提·阿力布拉提. 哈萨克传统图案（哈萨克文）［M］. 乌鲁木齐：新疆青少年
    出版社，2006.

［35］徐红，陈龙，瓦力斯·阿布力孜.新疆民族服饰文化与文化研究［M］. 上海：东华
    大学出版社，2016.